普通高等教育"十二五"规划教材

电工电子技术实验教程

林雪健　陈建国
吴传武　徐玉珍　编

机械工业出版社

本书根据高等学校"电工技术"、"电子技术"、"电路"等课程的实验教学要求,设置了验证型实验、设计型实验、综合性实验和电路仿真。全书共分5章,主要内容包括:电工电子技术实验基本知识、电工技术实验、电子技术实验、综合性和设计型实验等。

本书设置的实验项目覆盖面广,取材新颖、合理。综合性实验贴近工程实际应用,设计型实验着重培养学生的创新思维。在电气控制方面,突出工程电路设计、安装与调试;在电子技术方面,以传感控制和波形设计为主导,培养学生综合运用知识的能力和解决实际问题的能力。

本书可供高等理工科院校电气类、机械类、材料类、化工类、建筑类、经济管理类、机电一体化类、计算机类等有关专业教学使用,也可供高专高职院校相关专业实验教学使用。

图书在版编目(CIP)数据

电工电子技术实验教程/林雪健等编. —北京:机械工业出版社,2014.8
(2025.7重印)

普通高等教育"十二五"规划教材

ISBN 978-7-111-47030-4

Ⅰ.①电… Ⅱ.①林… Ⅲ.①电工技术–实验–高等学校–教材②电子技术–实验–高等学校–教材 Ⅳ.①TM-33②TN-33

中国版本图书馆CIP数据核字(2014)第125558号

机械工业出版社(北京市百万庄大街22号 邮政编码100037)
责任编辑:贡克勤 责任编辑:贡克勤 吉 玲
版式设计:常天培 责任校对:闫玥红
封面设计:陈 沛 责任印制:刘 媛
北京富资园科技发展有限公司印刷
2025年7月第1版第13次印刷
184mm×260mm·11印张·262千字
标准书号:ISBN 978-7-111-47030-4
定价:29.80元

电话服务 网络服务
客服电话:010-88361066 机 工 官 网:www.cmpbook.com
010-88379833 机 工 官 博:weibo.com/cmp1952
010-68326294 金 书 网:www.golden-book.com
封底无防伪标均为盗版 机工教育服务网:www.cmpedu.com

前　言

　　"电工学"课程含"电工技术"和"电子技术"，是高等学校工科学生必修的一门专业基础课。实验教学是"电工学"课程的一个重要组成部分，《电工电子技术实验教程》是该课程的配套实验教材，同时也可作为"电路"、"模拟电子技术基础"和"数字电子技术基础"等课程的实验教材。本书可以帮助学生进一步加深理解和巩固课堂教学的理论知识，培养其科学的实验方法和独立完成实验的能力，使其成为机电相结合的高等应用型人才。

　　本实验教材是依据教育部高等学校电工电子基础课程教学指导委员会制订的课程基本要求，结合多数高等院校现有的实验设备条件编写的，内容包括电工技术实验、电子技术实验、综合性和设计型实验。本教材可供本科或专科院校的电类及非电类相关专业的学生使用，在实验项目设置上，具有很强通用性的必做经典项目，也有培养实践动手、创新思维能力的综合性和设计型项目。例如，"电工技术"部分的综合性实验，就是以实际工程背景设置的。

　　针对不同专业对"电工学"、"电路"、"模拟电子技术基础"和"数字电子技术基础"等课程的实验学时设置不同，使用者可对本书所编实验项目进行适当选择。学时较少的专业，建议选做验证型实验；学时较多的专业，在选做相关验证型实验的基础上，建议增加1~2个综合型实验或设计型实验。本教材中，每个验证型实验项目计划2学时，每个综合性或设计型实验项目计划6~8学时。

　　本书主要由林雪健、陈建国、吴传武、徐玉珍共同编写。其中，徐玉珍负责编写第1章，林雪健负责编写第2章和第5章，陈建国负责编写第3章，吴传武负责编写第4章。参与本书编写的还有常年从事实验教学的卓彬妹、钟天云。福州大学电气工程与自动化学院副院长薛毓强副教授和电工电子基础部主任李少纲副教授审阅了本书，提出了许多宝贵意见，本书在编写过程中得到了林苏斌老师和林琼斌老师以及电工电子基础部全体老师的大力支持，在此表示衷心感谢。

　　由于编者学识有限，加之时间较紧，书中不妥之处在所难免，恳请使用或参考本教程的老师、学生给予批评指正。

编　者

目　录

第1章 电工电子技术实验基本知识

1.1 安全用电

"电"在人们生活中有着不可或缺的作用,一方面给人们生活带来巨大的方便,另一方面又给人们的生命财产带来潜在威胁。安全用电是减少用电事故的主要途径。掌握安全用电的基本知识是十分必要的。

1.1.1 接地

为使电器设备在正常运行或故障状态下都能确保人身和设备的安全,在 220V/380V 低压供电系统中,中性点一般直接接地,即变压器的中性点接地,这种接地称为工作接地。中性点直接接地的三相四线制供电系统如图 1.1.1 所示,该接地方式具有降低触电电压、迅速切断故障设备、降低电气设备的绝缘水平等特点。中性点直接接地的系统中,还经常采用将零线重复接地的方式,即在零干线的一处或多处用金属导线连接接地装置。此外,接地方式还有用电设备外壳或金属构架的保护接地、避雷器或避雷线的防雷接地等。这些接地装置均由埋入地下的接地体和与它连接的接地线组成。当系统正常运行时,上述接地装置没有电流或只有少量电流通过,而当系统发生故障或遭受雷击时,接地装置将有比较大的电流流过。接地体可以是为了接地而埋在土壤中的镀锌角钢、钢管(此为人工接地极),也可以利用建筑物基础内的钢筋及符合要求的地下金属管道(此为自然接地极)。

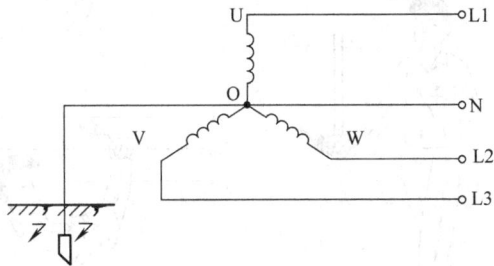

图 1.1.1 中性点直接接地的三相四线制供电系统

1.1.2 电流对人体的伤害

电对人体的伤害分为电击和电伤两种类型。电击是电流通过人的身体内部,影响呼吸、心脏和神经系统,造成人体内部器官和组织的破坏,甚至死亡。电伤主要是电对人体外表的伤害,包括电弧烧伤、熔化的金属渗入皮肤等伤害。通常所说的触电事故基本上都是指电击。

影响触电伤害程度的主要因素有通过人体电流的大小、频率、持续时间、途径以及触电者的健康状况等。其中,电流的大小对电击伤害的程度有决定性的作用。对 50Hz 交流电而言,当通过人体的电流达到 50mA 以上时即有生命危险。一般情况下,30mA 以下的电流在短时间内不会造成生命危险,所以称之为安全电流。

通过人体电流的大小与外加电压、人体电阻有关。在低压且皮肤干燥时,人体电阻一般为 $10^4 \sim 10^5 \Omega$,但在电压较高时会发生皮肤击穿,导致人体电阻迅速下降,最小仅为 800 ~

1000Ω，所以使用较低的供电电压，有利于在发生触电事故时减轻对人体的伤害程度甚至可以避免严重的伤亡。但是，太低的供电电压，经济性不好。此外，供电系统采用的 50/60Hz 的交流电，虽然对于设计电器设备比较合理，但对人最为危险。直流电和高频交流电达到相同的触电伤害程度的电流值都比工频交流电流值要大得多。

电流通过人体的持续时间越长，能量的积累就越大，人体的电阻也会降低，从而使电流进一步加大，危害就越大。

一般认为，电流通过心脏、呼吸系统和中枢神经造成的电击最危险，因此，触电时，从手到脚的电流途径最为危险，其次是从手到手的电流途径，再次是从脚到脚的电流途径。

1.1.3 触电的形式

人体触电的形式主要有单线触电、两线触电和跨步触电。其中，单线触电是由于导线或电气设备绝缘破损、金属部分外露、受潮等原因使其绝缘能力降低，导致站在地上的人体直接或间接地与相线接触，这时电流会在通过人体后流入大地而造成的触电事故，如图 1.1.2 所示。两线触电是指人体同时触及两根相线或一根相线一根中性线，触电电流由一处经人体后流入另一处，如图 1.1.3 所示。跨步触电是指当有电流由接地体（或由断落的导线经接地点）流入大地向四周扩散时，会在接地点周围 20m 范围内的土壤产生电压降。若此时人站立在接地点附近地面上，两脚之间就会承受一定的跨步电压，当跨步电压较大时会引发触电事故，如图 1.1.4 所示。

图 1.1.2 单线触电   图 1.1.3 两线触电   图 1.1.4 跨步触电

1.1.4 预防触电的技术措施

触电事故往往不给人以任何预兆，并在极短的时间内造成不可挽回的严重后果。因此，对于触电事故要特别注意"以防为主"的方针。除思想上高度重视外，还要依靠健全的组织措施，制定、实施严密的规章制度和采用完善的技术措施。

目前，防止触电常用的 4 项技术措施为：保护接地（IT 系统）、保护接零（TN 系统）、漏电保护和采用特低电压（安全电压）供电。

对不同的环境，安全的电压是不同的。我国国家标准规定的安全电压等级为 42V、36V、24V、12V、6V，供不同的用电环境和人员选用。

此外明确统一的标志是保证用电安全的一项重要措施。标志分为颜色标志和图形标志。

颜色标志常用来区分各种不同性质、不同用途的导线，或用来表示某处的安全程度。图形标志一般用来告诫人们不要去接近有危险的场所。为保证安全用电，必须严格按有关标准使用颜色标志和图形标志。我国安全色标采用的标准，基本上与国际标准草案（ISD）相同。一般采用的安全色标有以下几种：

红色：用来标志禁止、停止和消防，如信号灯、信号旗、机器上的紧急停机按钮等都是用红色来表示"禁止"的信息。

黄色：标志注意危险，如"当心触电"、"注意安全"等。

绿色：标志安全无事，如"在此工作"、"已接地"等。

蓝色：标志强制执行，如"必须戴安全帽"等。

黑色：标志图像、文字符号和警告标志的几何图形。

按照规定，为便于识别，防止误操作，确保运行和检修人员的安全，采用不同颜色来区别设备特征。例如，电气母线，A 相为黄色，B 相为绿色，C 相为红色，明敷的接地线为黑色；在二次系统中，交流电压回路为黄色，交流电流回路为绿色，信号和警告回路为白色。

1.2　元器件的认识与辨别

电工学实验是非电类工科专业学生必修的专业基础技术课程。在完成各项实验之前，学生必须掌握各主要元器件的认识和辨别，掌握一定的实验基础技能。本节将对一些常用的基本元器件和集成电路的辨识进行简单介绍。

1.2.1　基本继电控制元器件的认识

电工技术中常见的电工设备元器件有熔断器、自动空气断路器及各类继电器控制设备等。

1. 熔断器

熔断器俗称保险丝，是最简单有效的短路保护装置。熔断器中的熔体（熔丝或熔片）是用易熔合金制成的，当流过熔体的电流大于它的额定值时，熔体因过热而熔断，自动切断电源，起到保护作用。常见熔断器如图 1.2.1 所示。

2. 自动空气断路器

自动空气断路器（又称空气开关）除了能控制电路的通断外，还具有过载、短路、失电压等保护功能，多用于低压配电电路，也可用于不频繁起动电动机。自动空气断路器内部结构原理如图 1.2.2 所示。其中，电磁脱扣器起到短路保护作用，热脱扣器起到过载保护作用，欠电压脱扣器起到失电压保护的作用。

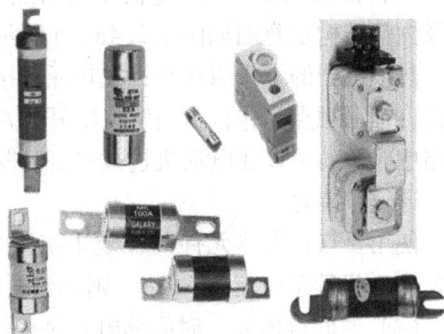

图 1.2.1　常见熔断器

3. 继电器及行程开关

电工技术中常利用继电器、接触器对电动机和生产机械实现控制和保护。常见的继电器有交流接触器、中间继电器、热继电器、时间继电器等。

（1）交流接触器　交流接触器是用于频繁地接通和断开大电流电路的开关电器，主要

由电磁系统、触点系统和灭弧装置组成，其外
形及内部结构示意图如图 1.2.3a、b 所示。触
点系统是接触器的执行部分，包括主触点、辅
助触点和弹簧。主触点的作用是接通和分断主
电路，控制较大的电流，而辅助触点是在控制
电路中，用于接通或分断较小的电流。

　　（2）中间继电器　中间继电器和交流接触
器的结构与工作原理大致相同。这种继电器的
体积和触点容量小，触点数目多，且只能通过
小电流。所以，中间继电器一般用于控制电
路中。

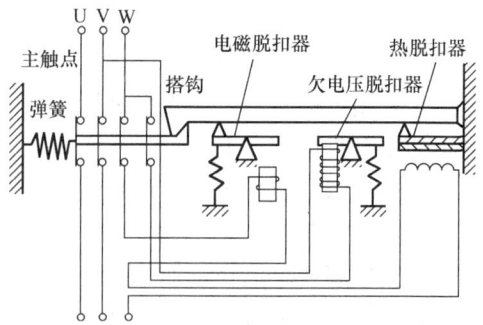

图 1.2.2　自动空气断路器内部结构原理

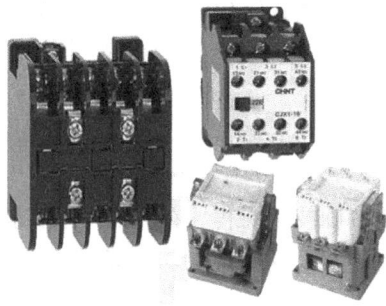

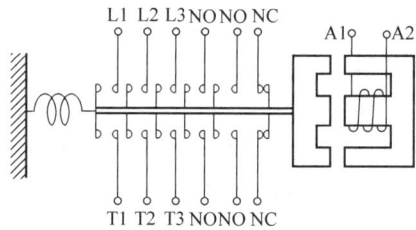

a) 交流接触器外形　　　　　　　　　b) 交流接触器内部结构示意图

图 1.2.3　交流接触器

　　（3）热继电器　热继电器主要由热元件和触点构成，常用于电动机的过载保护。其外
形及内部结构示意图如图 1.2.4a、b 所示。

　　热继电器的工作原理是：发热元件接入电机主电路，若长时间过载，双金属片因发热而
弯曲，推动触点动作，常闭触点断开，常开触点闭合。将常闭触头串联在交流接触器的线圈
电路中时，就可以在电动机过载时自动断电，保护电动机免于因过载而烧毁。常开触点可用
于接通信号装置。

　　使用要点：发热元件的额定电流要根据被保护电动机的额定电流选择并调整。例如，
3kW 电动机额定电流为 6.4A，则选热继电器额定值为 7.2A，其电流调整范围 4.5 ~ 7.2A。

　　（4）时间继电器　时间继电器是一种利用电磁原理或机械动作原理实现触点延时接通
或断开的自动控制电器。时间继电器分为通电延时型和断电延时型两种。

　　通电延时型继电器线圈通电时，延时常开触点延时闭合，延时常闭触点延时断开；断电
时，常开触点立即断开，常闭触点立即闭合。断电延时型继电器的线圈在通电时，延时常开
触点立即闭合，延时常闭触点立即断开；断电时延时常开触点延时断开，延时常闭触点延时
闭合。时间继电器外形以及内部触点图形符号如图 1.2.5a、b 所示。

　　（5）行程开关（又称限位开关）　行程开关是一种常用的小电流主令电器。其利用生
产机械运动部件的碰撞使触头动作来实现接通或分断控制电路，达到一定的控制目的。通

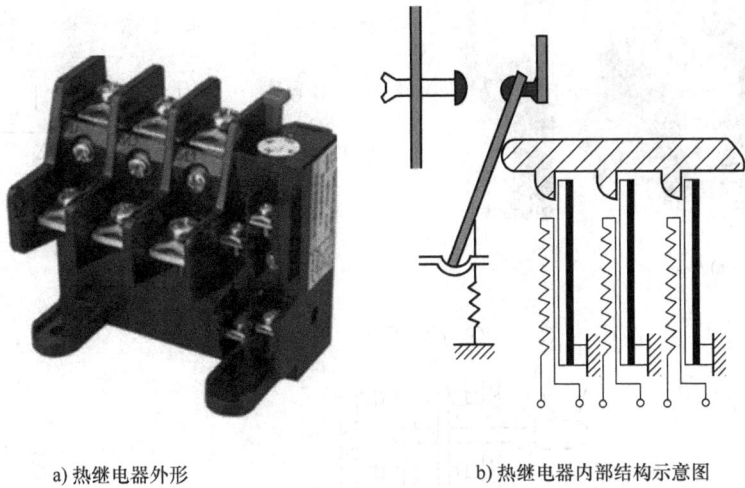

a) 热继电器外形　　　　　b) 热继电器内部结构示意图

图 1.2.4　热继电器

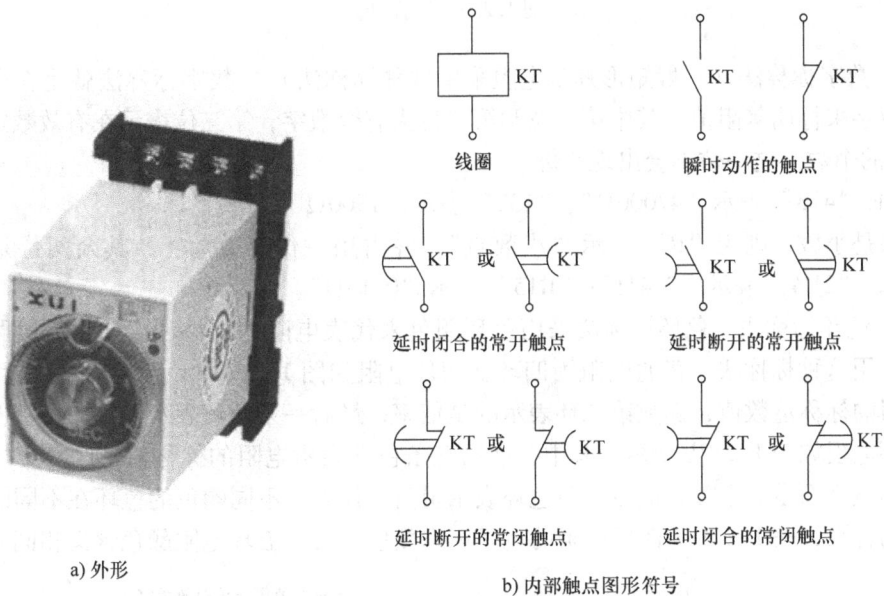

线圈　　　　　　　瞬时动作的触点

延时闭合的常开触点　　　延时断开的常开触点

延时断开的常闭触点　　　延时闭合的常闭触点

a) 外形　　　　　　　　b) 内部触点图形符号

图 1.2.5　时间继电器

常，这类开关被用来限制机械运动的位置或行程，使运动机械按一定位置或行程自动停止、反向运动、变速运动或自动往返运动等。按行程开关的结构可分为直动式、滚轮式、微动式和组合式，其外形、图形符号及直动式的内部结构如图 1.2.6a～c 所示。

1.2.2　基本电子元器件的认识

1. 电阻

电阻是最常用的元件之一，其阻值大小的表示方法有很多种，常见的有数字标称法和色环标称法。

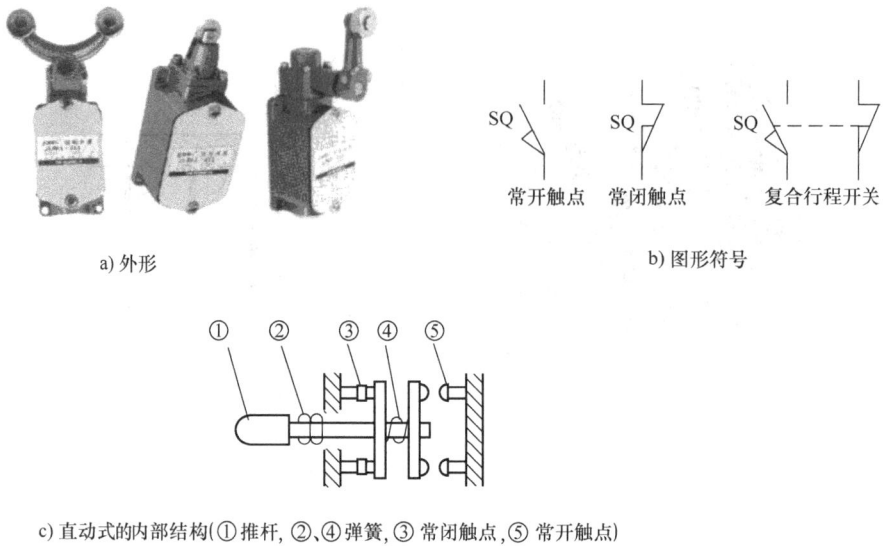

a) 外形

b) 图形符号

c) 直动式的内部结构(① 推杆, ②、④ 弹簧, ③ 常闭触点, ⑤ 常开触点)

图 1.2.6 行程开关

（1）数字标称法（一般矩形片状电阻采用这种标称法） 数字标称法就是在电阻体上用三位数字来标明其阻值。其中第一位和第二位为有效数字，第三位表示在有效数字后面所加"0"的个数。这一位不会出现字母。

例如，"473"表示"47000Ω"；"152"表示"1500Ω"。

如果是小数，则用"R"表示"小数点"，并占用一位有效数字，其余两位是有效数字。例如，"2R4"表示"2.4Ω"；"R15"表示"0.15Ω"。

（2）色环标称法 色环标称法采用色环颜色来代表电阻的大小和误差。一般圆柱形固定电阻采用这种标称法。普通电阻为四环，四环电阻如图 1.2.7a 所示。其中，前面两色环表示电阻的标称值数值，倒数第二环表示的是倍率，最后一条色环表示偏差。精密电阻为五环，五环电阻如图 1.2.7b 所示。其中，前面三条色环表示电阻的标称值，倒数第二条表示电阻标称值后面零的个数，最后一条色环表示阻值的偏差。不同颜色的色环在不同的位置表示不同的含义，表 1.2.1 为四环电阻的色环标志颜色含义（五环电阻颜色含义相同）。

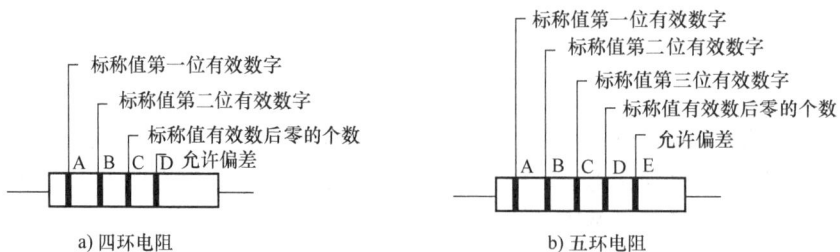

a) 四环电阻

b) 五环电阻

图 1.2.7 色环电阻色环位置含义

例如，判断图 1.2.8 所示电阻的阻值及精度。

答：图 1.2.8a，电阻标称值及偏差：标称值为 $24 \times 10^1 \Omega = 240\Omega$，偏差为 $\pm 5\%$。

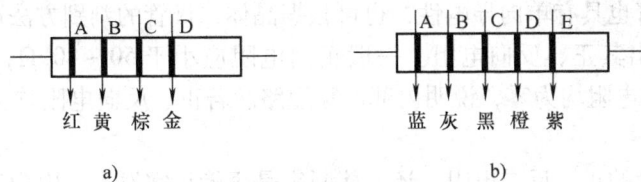

a)　　　　　　　　　　　　b)

图 1.2.8　色环电阻

图 1.2.8b，电阻标称值及偏差：标称值为 $680 \times 10^3 \Omega = 680 \text{k}\Omega$，偏差为 $\pm 0.1\%$。

表 1.2.1　四环电阻的色环标志颜色含义

颜色	第一有效数	第二有效数	第三有效数	倍率	允许偏差（%）
黑	0	0	0	10^0	
棕	1	1	1	10^1	± 1
红	2	2	2	10^2	± 2
橙	3	3	3	10^3	
黄	4	4	4	10^4	
绿	5	5	5	10^5	± 0.5
蓝	6	6	6	10^6	± 0.25
紫	7	7	7	10^7	
灰	8	8	8	10^8	
白	9	9	9	10^9	$+50$ -20
金				10^{-1}	± 5
银				10^{-2}	± 10

2. 半导体器件的测试与判别

电子电路离不开半导体器件，半导体器件性能的好坏和正确极性接法是保证电路正常工作的基础。下面分别介绍二极管、发光二极管、稳压管、晶体管的判别与测试方法。

（1）二极管　二极管的主要工作特性是单向导电性，一般要求二极管反向电阻比正向电阻大几百倍。正向电阻愈小愈好，反向电阻愈大愈好。所以可用万用表的 $R \times 1\text{k}$ 档，测出二极管的正、反向电阻，判定其好坏。具体见表 1.2.2。

表 1.2.2　用 $R \times 1\text{k}$ 档辨别二极管的好坏

正向电阻	反向电阻	二极管好坏
100Ω 到几千欧	几十千欧到几百千欧	好
0	0	短路损坏
∞	∞	开路损坏
正、反向电阻比较接近		失效

注：硅二极管的正向电阻为几百欧到几千欧，锗二极管大约为 100～1000Ω。

（2）发光二极管测试　发光二极管的极性可从外形上进行判别。例如，有的发光二极管带金属管座，管侧有一突起，则靠近突起一侧为正极；有的发光二极管无管座，用透明的环氧树脂封装，电极引线较长的为正极，较短的为负极。

由于发光二极管也具有单向导电性，也可根据晶体二极管的判别方法进行判别。可使用万用表 $R \times 1k$ 档测出其正、反向电阻。一般正向电阻应小于 $50 \sim 80k\Omega$，反向电阻应大于 $400k\Omega$。若正、反向电阻均为零，说明内部击穿短路。若正、反向电阻均为无穷大，说明内部断路。

仅测发光二极管的正、反向电阻，还不能断定是否能正常发光。因为发光二极管的正向压降 U_F 约为 $1.5 \sim 3.5V$，而万用表的 $R \times 1$ 或 $R \times 10$ 档使用 $1.5V$ 电池，所以不能使管子正向导通发光。$R \times 10k$ 档的电池电压虽然较高，但因内阻太大提供不了足够的工作电流，发光二极管也不会发光。

使发光二极管正常发光的方法如下：

1）将两块指针式同型号万用表都拨到 $R \times 1$ 或 $R \times 10$ 档并串联连接，以提供较高的正向电压，此为双表法。

2）在一块万用表基础上按正确极性串联一个 $1.5V$ 电池，以提供较高的正向电压。

测量一只型号不明的发光二极管步骤如下：

第一步：判定正负极性。用 MF30 型万用表的 $R \times 1k$ 档测得正向电阻为 $85k\Omega$，反向电阻接近无穷大，测正向电阻时，黑表笔接的就是发光二极管的正极。

第二步：两块 MF30 型万用表均拨到 $R \times 1$ 档，采用双表法测量，被测管发出晶莹夺目的光。若将发光二极管的极性反接，加上反向电压时，则不能发光。若将两块万用表均拨到 $R \times 10$ 档，则发光二极管只是稍微发光，这是因为万用表内阻较大，不能提供足够大的正向电流所致。

采用双表法时，应注意以下事项：

1）必须先调好两块万用表的欧姆零点。

2）为了不损坏被测发光二极管，或假如不知道被测发光二极管的正向压降，应将两块万用表都拨到 $R \times 10$ 档。若发光二极管发光很暗，再改拨到 $R \times 1$ 档。

（3）稳压管测试

1）稳压管的好坏鉴别。由于稳压管同样具有单向导电性，因此可按判别普通晶体二极管的方法判别其好坏，具体见表 1.2.2。

2）稳压管稳定电压值的测量。测量 25V 以下的稳压管的稳压电压，可以直接采用万用表 $R \times 10k$ 档。具体方法如下：

① 测量稳压值 $U_Z \leqslant 9V$ 的稳压管，用一块万用表即可。注意：若万用表 $R \times 10k$ 档采用 9V 叠层电池，则只能测 $U_Z < 8V$ 的稳压管。$R \times 10k$ 档的电池电压愈高，可以测量的稳压管型号也愈多。$U_Z \leqslant 9V$ 的稳压管测量电路如图 1.2.9 所示。

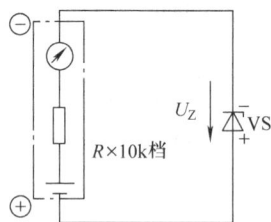

图 1.2.9　$U_Z \leqslant 9V$ 的
稳压管测量电路

② 对于 $9V \leqslant U_Z \leqslant 26V$ 的稳压管，如 2CW21L 等，可采用双表法测量，把两块万用表的 $R \times 10k$ 档串联起来使用，以提供较高的反向击穿电压。

用万用表测量时应注意以下几点：

① 普通万用表 $R \times 10k$ 档的内阻较高，只能提供几十微安的电流，与额定的稳定电流（一般为几到几十毫安）相差很大，所以用万用表测出的 U_Z 值要偏低一些，

② 各种万用表 $R \times 10k$ 档的电池 E 可能不相等，最高可达 22.5V。一般可以测量的稳定

电压范围按 $U_Z \le (0.8 \sim 0.9) E$ 来估计，因为电阻档内阻上还有 $(0.1 \sim 0.2) E$ 的压降。

（4）晶体管测试　晶体管也是电子电路中常见器件，其管型有 NPN 型和 PNP 型两种，管型和极性的判别方法如下：

1）管型和基极的判别。从结构上看，晶体管可以看成是由两个背靠背或面对面的 PN 结组成的。对于 NPN 型管来说，基极是两个等效二极管的公共"阳极"；对 PNP 型管来说，基极则是它们的公共"阴极"。晶体管的公共极如图 1.2.10a、b 所示。因此，判别出晶体管的基极是公共"阳极"，还是公共"阴极"，即能判断出晶体管是 NPN 型还是 PNP 型。

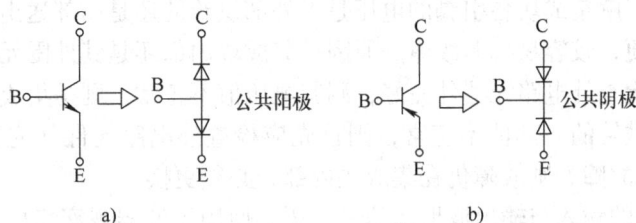

图 1.2.10　晶体管的公共极

2）发射极与集电极的判别。用万用表的电阻档可以判别晶体管的发射极与集电极，PNP 型晶体管 C、E 极判别电路如图 1.2.11 所示。

若用红表笔接 C 极，黑表笔接 E 极，这时万用表显示的电阻值反映了晶体管穿透电流 I_{CEO} 的大小。如果 C－B 极之间跨接一只 $R_b = 100 \mathrm{k}\Omega$ 的电阻，由于有 I_B 流通，此时万用表指示的电阻值即反映了 $I_C = I_{CEO} + \bar{\beta} I_B$ 的大小。因为通常 $\bar{\beta} \gg 1$，所以 I_C 值较 I_{CEO} 明显增加，因此此时万用表显示的电阻值将比跨接电阻 R_b 前显著减少。电阻值减少越多，表示 $\bar{\beta}$ 值越大。如果 E、C 极判别相反了，即把红表笔接 E 极，黑表笔接 C 极，则相当于把晶体管 C、E 极之间的电源反接，晶体管处于倒置工作状态。此时，其电流放大系数 β_R 很小（一般 $\beta_R < 1$）。因此，当用电阻 R_b 跨接在所认为的 B、C 极之间时，万用表指示的电阻值变化不大。据此原理，即可判断 E、C 极。对于 NPN 型的 E、C 极判别，其红、黑表笔的连接与上述相反。

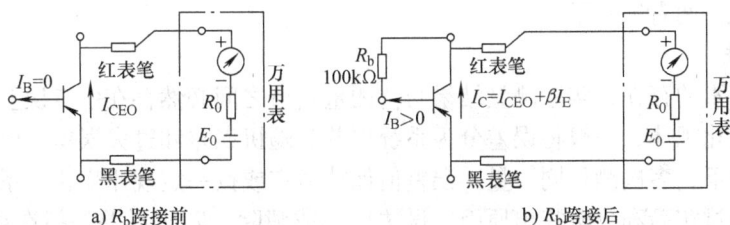

图 1.2.11　晶体管 C、E 极的判别电路

3. 集成电路检查

集成电路具有体积小，重量轻，引出线和焊接点少，寿命长，可靠性高，性能好等优点，在工、民用及军用电子设备等方面得到广泛的应用。集成电路好坏的检测方法如下：

（1）万用表测量电阻　用万用表测量集成块各引脚与地之间的电阻值，并与正常值相比较，以判断不正常的部位。每个引脚均要测量两次，分别对换红、黑表笔。即先用红表笔接地，黑表笔接被测引脚，测得一个结果；再用黑表笔接地，红表笔接被测端，又测得另一个结果。将这两个结果同时与正常值比较，找出是否有异常部位。

（2）集成块在电路中的测试　若集成块已焊接在电路中，其功能好坏的判断方法如下：

1）用万用表测量集成块各引脚与地之间的直流电压，并与正常值比较，用此法可以发现不正常的部位。采用这种方法，必须事先了解正常时的各引脚直流电压。

实际检查时，因为各引脚电压的差异可能很小，因而有时会错过不正常的部位。或有几个引脚的电压都偏离正常值，致使判断困难。为此最好能先了解集成块的内部电路，至少要有内部框图，以便了解集成块各引脚的电压是由外部供给的还是内部送出的。这样会给故障判断带来很大的方便，较容易判断故障的原因是集成块内部还是其外围元器件。若引脚电压是内部供给的，且检查外电路元器件完好，测其电压值不正常，则是集成块内部有故障；若引脚电压是外电路供给的，其值不正常，则首先应检查外电路元件（先开路测其电压是否正常），若外电路无故障，则故障仍在集成块内部，必须更换。

2）检查集成块的输入与输出波形或信号电压。使用示波器观察集成块的输入与输出信号的波形，测量输入、输出信号的电压，并将此信号波形（或电压）与正常波形（或电压）相比较，以判断不正常的部位。

3）检查集成块的外围元器件。在采用上述方法均无法找到不正常部位时，就应更换集成块或逐一检测其外围元器件。现在的集成块引出脚很多。印制电路板的铜箔又很细，拆换集成块很容易损坏铜箔条。因而，通常首先检查各引脚铜箔条是否有断裂，外围元器件是否有损坏等现象后再换集成块，这样比较有效。

检查外围元器件时，应将元器件的一端脱开电路来测试，这样就不会受其他元器件的影响。

1.3　仪器仪表误差与实验数据的处理

电工电子技术实验往往离不开实验数据的测量和后期处理。为了获得较为准确的数据，首先必须选择合适的仪器仪表，采用正确的实验方法；其次就是对所获得实验数据进行误差分析和数据处理，两者缺一不可。

1. 误差原理

由于各种因素的存在，实验测量结果与待测量真值之间必然存在一定误差，此为测量误差。根据误差变化规律，一般将误差分为系统误差、随机误差和过失误差。所谓系统误差是指在相同的条件下，多次测量同一量，误差值保持恒定或按一定规律变化。系统误差存在一定规律性，可通过实验和分析找出原因，设法减小或消除。随机误差是指在相同的条件下，多次测量同一量，误差值发生无规则的变化，如人体感觉器官微小变化、外界干扰等。实践证明，若测量次数足够多，随机误差的平均值的极限值趋近于零。过失误差是指在一定的条件下，测量值出现明显的偏离真值的误差，这是不正确的测量结果，应该应予以剔除。

2. 误差的表示方法

常用的误差表示方法有绝对误差 Δx、相对误差 δ 和容许误差 δ_m。

1）绝对误差 Δx：绝对误差是指测量值与真值的差值，其表达式如下：

$$\Delta x = x - x_0 \tag{1.3.1}$$

式中 x_0——真值；

x——测量值。

2）相对误差 δ：相对误差是绝对误差与真值的百分比，其表达式如下：

$$\delta = \frac{\Delta x}{x_0} \times 100\% \tag{1.3.2}$$

3）容许误差 δ_m：容许误差一般表示测量仪器的准确度，是指仪器误差不应超过的最大范围，又称最大误差。容许误差分为基本误差和附加误差。前者指在仪器规定的条件下（如电源、温度等）测量时的最大误差，后者是指规定条件中的一项或几项发生变化后，仪器所产生的误差。

3. 电工仪器仪表的误差

电工仪器仪表分为两种：一种是指针式仪器仪表，即常用的指针式电压表、电流表等；一种是数字式仪表，如数字式电压表、万用表等。它们的内部原理和误差的定义有所不同。

（1）指针式仪表 在指针式仪表中，容许误差的定义为

$$\delta_m = \frac{\Delta x}{x_m} \times 100\% \tag{1.3.3}$$

式中 x_m——仪表的满刻度值。

指针式仪表的误差主要与仪器本身的结构、指针精度有关。我国电工仪表按 δ_m 值分为 0.1、0.2、0.5、1.0、1.5、2.5 和 5 七个等级。此外，指针式仪表读数的误差还与实验者的身体、心理状况等因素造成的视觉误差有关。

（2）数字式仪表 数字式仪表是通过数字显示来表示被测量物理量的大小，其较指针式仪表而言有以下优点：

1）数字显示，读数不存在视觉误差。

2）精度一般较高。数字电工仪表一般没有指针类仪表的可动部分，所以机械摩擦、变形的影响极小，只要元器件的质量、性能没问题，数字仪表比较容易制成较高精度的仪表。

3）灵敏度高。由于数字仪表内部多设有各种放大电路或器件，所以可测量较小的信号、如 $1\mu V$ 左右的电压信号、$1mA$ 左右的电流信号以及 $0.01Hz$ 的频率信号等。

数字式仪表常用显示位数来表示测量范围及分辨力（分辨率）。判定数字式仪表显示位数有两原则：其一是能显示从 $0\sim9$ 中所有数字的位是整数位；其二是分数位的数值是以最大显示值中最高位数字为分子，用满量程时最高位数字作分母。

例如，某数字万用表的最大显示值为 ±1999，满量程计数值为 2000。则该仪表有三个整数位，能显示 $0\sim9$；而最高位只能显示 0 或 1（0 通常不显示）。根据定义，该仪表的分数位的分子是 1，分母是 2，故称之为 $3\frac{1}{2}$ 位，读作"三位半"；

同理 $3\frac{2}{3}$ 位（读作"三又三分之二位"）数字万用表的最高位只能显示从 $0\sim2$ 的数字，故最大显示值为 ±2999。在同样情况下，它要比 $3\frac{1}{2}$ 位的量程高 50%。应当指出，也有人把 $3\frac{2}{3}$ 位仪表仍称作"三位半"仪表，但必须指明其量程已扩展 50%。以免将二者混淆。

普及型数字万用表一般属于三位半仪表。四位半数字万用表分手持式、台式两种。五位

半及五位半以上的仪表大多属于台式智能数字万用表。

数字万用表在最低电压量程上末位 1 个字所对应的电压值，称作分辨力（又称分辨率），它能反映仪表灵敏度的高低。数字仪表的分辨力随显示位数的增加而提高，不同位数的数字万用表所能达到的最高分辨力指标不同，如量程为 2mA 的三位半数字万用表的分辨率为 1μA。

数字万用表的准确度是测量结果中系统误差与随机误差的综合，它表示测量值与真值的一致程度，也反映测量误差的大小。一般讲，准确度愈高，测量误差就愈小，反之亦然。

数字式仪表误差有三种表示方法：

$$\Delta x = \pm (a\%x \pm b\%x_{\mathrm{m}}) \tag{1.3.4}$$

$$\Delta x = \pm (a\%x \pm n \text{ 个字}) \tag{1.3.5}$$

$$\Delta x = \pm (a\%x \pm b\%x_{\mathrm{m}} \pm n) \tag{1.3.6}$$

式中　x——读数值（即显示值）；

　　x_{m}——表示满量程值；

　　$a\%$——A – D 转换器和功能转换器（例如分压器、分流器、真有效值转换器）的综合误差；

　　$b\%$——由于数字化处理而带来的误差；

　　n——量化误差反映在末位数字上的变化量。

若把式（1.3.5）中的 n 个字的误差折合成满量程的百分数，式（1.3.5）即变成式（1.3.4）。

式（1.3.6）中的 n 个字表示数字表头本身的稳定性，受电场或电源等干扰导致的电压波动引起尾数跳动。这里用正负 n 个字来表示。

4. 实验数据处理

实验数据的处理是整个实验过程的重要环节，灵活掌握数据处理方法是成功开启完成实验大门的钥匙。

电工电子实验数据的处理包括有效数字处理和各被测量物理量之间关系的数据处理。

（1）有效数字处理　在记录和计算测量数据时，必须掌握有效数字的正确取舍。

有效数字中，应只保留一位预估数据，且为数据的最后一位。若测量电阻的数据为 12.300kΩ，则前面四位数 1、2、3、0 都是准确数字，只有最后一位数 0 是预估数值；如果改写成 12.3kΩ，则表示 1、2 是准确数字，最后一位数 3 是预估数字。两种写法表示同一数值，但却反映了不同的测量准确度。

实验数据在所规定的精度范围以外的数字，应采取"四舍五入"的办法进行处理。若只取 n 位有效数字，则 $n+1$ 位及以后数字都应舍去。为了防止较大的累积误差，对于 $n+1$ 位为数字"5"的处理方法是：若 5 之后还有数字，则舍 5 进 1；若 5 之后无数字或为 0，这时只有 5 之前的数字为奇数时应舍 5 进 1，如为偶数则舍 5 不进位。

有效数字参与运算时要注意，若是加减运算，参与运算数据的小数点后的有效数字的位数应保留到这些数据中最少位数，然后再计算；乘除运算时，运算前对各数据的处理应以有效数字位数最少的为标准，所得积或商的有效数字位数应与此相同。

（2）各物理量之间关系的数据处理　常用的各物理量之间关系的数据处理方法有作图法、列表法、平均值法、最小二乘法等，在处理数据时可根据需要和方便选择任何一种方法表示实验的最后结果。

1）作图法。两个或两个以上物理量间的关系，有时用曲线图形表示更能一目了然，更能清楚地反映出实验过程中变量之间的变化进程和连续变化的趋势，如二极管的伏安特性等。此外，在具体数学关系式为未知的情况下，也可通过精确地绘制图线，并借助图形来选择经验公式的数学模型。

作图法可分5步：

① 整理数据。即取合理的有效数字表示测量值，剔除可疑数据，给出相应的测量误差。

② 选择合适坐标纸。以便于作图或能更方便地反映变量之间的相互关系为原则选择不同的坐标纸，常用的坐标纸有直角坐标纸、单对数坐标纸和双对数坐标纸。

③ 坐标分度。合理地确定坐标纸上每一小格的距离所代表的数值，确定分度应注意下面两个原则：

● 格值的大小应与测量数据所表达的精度相适应；

● 为便于制图和利用图形查找数据，每个格值代表的有效数字尽量采用1、2、4、5，避免使用3、6、7、9等数字。

④ 作散点图。根据确定的坐标分度值，将数据点的坐标绘制在坐标纸中，考虑到数据的分类及测量的数据组先后顺序等因素，应采用不同符号标出点的坐标。常用的符号有×、○、●、△、■等，规定标记的中心为数据的坐标。

⑤ 拟合曲线。拟合曲线是用图形表示实验结果的主要目的，拟合曲线时应注意以下几点：

● 转折点尽量要少，更不能出现人为折曲；

● 曲线走向应尽量靠近各坐标点，而不是通过所有点；

● 除曲线通过的点以外，处于曲线两侧的点数应当相近。

2）列表法。将实验结果列成表格，可以简明地表示出有关物理量之间的关系，便于检查测量结果和运算是否合理，有助于发现和分析问题，而且列表法还是图像法的基础。

列表时应注意以下几点：

① 表格要直接地反映有关物理量之间的关系，一般把自变量写在前边，因变量紧接着写在后面，便于分析。

② 表格要清楚地反映测量的次数、测得的物理量的名称及单位、计算的物理量的名称及单位。物理量的单位可写在标题栏内，一般不在数值栏内重复出现。

③ 表中所列数据要正确反映测量值的有效数字。

3）平均值法。取算术平均值是为减小随机误差而常用的一种数据处理方法。通常，在同样的测量条件下，对于某一物理量进行多次测量的结果不会完全一样，用多次测量的算术平均值作为最终测量结果，是最接近真实值的。

4）最小二乘法。要得到实验数据各变量之间具体数学函数关系，可采用最小二乘法。最小二乘法是基于随机统计的原理，将实验测量结果作为随机变量，使其与所求曲线的距离平方和最小。此处要得到具体的函数表达式，首先将各实验数据点绘制出来，其次利用这些实验数据点，根据最小二乘法原理绘制出一条曲线，使这条曲线到所有点的距离平方和最小，那么这条曲线方程就可以最佳反映这组实验数据的关系。如何快速得到该曲线的方程，可以借助计算机数据处理软件，如 Excel、MATLAB 等。用 Excel 软件处理时，只要将数据输入表格，然后插入图表，并为数据添加趋势线，就可轻松得到该曲线的表达式。

1.4 实验规则与注意事项

1. 实验规则

1）实验前应完成指定的各项预习任务和实验内容。

2）根据实验提出的基本要求，预先构思实验方案。

3）检查仪器设备能否满足实验要求。

4）未经指导教师允许，不得自行合闸通电，否则一切后果自负。

5）实验过程中应仔细观察实验现象，认真做好记录并对测量结果进行分析。

6）培养严谨、实事求是的科学作风。

7）完成实验任务之后，应按要求认真整理好实验报告。

2. 实验注意事项

1）进入实验室必须穿好绝缘鞋，不得穿拖鞋，否则取消实验资格。

2）进入实验室后不得大声喧哗，保持室内安静，举止文明。

3）必须严格实验操作规程，严禁实验时带电接线、拆线或改接线路。

4）发生事故时，应立即断开电源，保持现场，待查出并排除故障后，方可继续实验。

5）爱护公共财物，当发生仪器设备损坏时，必须认真检查原因，并按实验室规定的条例处理。

6）保持实验室干净、整洁。遵守实验室制定的规章制度。

1.5 实验前准备工作与实验报告写作要求

1. 实验前准备工作

1）明确实验项目，认真阅读实验项目指导书，明确实验目的，清楚有关原理，了解所需仪器设备的使用方法和实验内容。

2）编写预习报告，拟好实验步骤，画好实验电路和仪器设备的连接方式，熟悉仪器设备的操作规程、注意事项，准备好所用的实验数据表格等。

3）记录预习中遇到的难点问题或不清晰之处，思考应该采取怎样技术措施。

4）坚持认真的实验前预习是保证教学质量、教学效果的基础，因此每位学生必须做好课前预习，否则取消本次的实验资格。

5）根据实验内容要求作必要的理论计算，做到"心中有数"，否则对测量结果和所记录的实验现象无法做出正确的分析与判断；更不能一无所知，以致实验失败。

2. 实验报告写作要求

一个有价值的实验很大程度上取决于实验报告的编写质量，因此，实验报告编写应当如实的反映实验结果，并对实验结果做出分析和判断；实验报告的编写应当及时、认真、完整，否则就影响质量。实验报告编写时还得注意相应的格式与要求：

1）使用统一格式的实验报告纸编写，内容包括：实验目的、实验设备、实验原理、实验内容与步骤，以及实验总结等。

2）实验原理要求简述，重点在电路分析、必要的计算公式和电路总图。

3）实验内容与步骤必须列出各个子项目的名称，如电路、数据表格、曲线描绘图、数据处理和计算过程等。

4）实验总结可以对本次实验结果作评价，分析实验现象，分析数据产生误差的原因，并可列举测试表格中的一组数据通过计算证明实验的正确性。

第 2 章　电工技术实验

2.1　基本电工仪表的使用及测量误差的计算

1. 实验目的

1）熟悉电工技术实验台上各类电源、测量仪表的布局和使用方法。

2）掌握指针式仪表内阻的测量方法。

3）熟悉电工仪表内阻对测量结果的影响。

2. 实验设备

1）二路 0～30V 可调直流稳压电源。

2）0～500mA 可调恒流源。

3）HE—11 实验箱（含指针式万用表表头、电阻器）。

4）HE—19 实验箱（可调电阻箱）。

3. 实验原理

（1）电工仪表内阻对测量电路的影响　理想电压表的内阻为无穷大，理想电流表的内阻为零。在测量电路中实际的电压和电流时，为了不会改变原电路的工作状态，人们希望能利用理想电压表和理想电流表，但实际使用的指针式电工仪表都不能满足上述要求。因此，测量仪表一旦接入电路，必将改变原电路的工作状态，必然导致原电路的实际值与仪表的读数值之间产生误差。这种测量所产生的误差程度与仪表本身内阻的大小有着直接的关系。

只要测出仪表的内阻，即可计算出由其产生的测量误差。以下介绍几种测量指针式仪表内阻的方法。

1）用"分流法"（即"半流法"）测量电流表的内阻。如图 2.1.1 所示，A 为被测内阻（R_A）的直流电流表，mA 为标准电流表。测量时先断开开关 S，此时电路呈串联，调节电流源的输出电流 I，使 A 表指针满偏转，mA 表显示 A 表指针满偏转时的电流值。然后合上开关 S，并保持 I 值不变，调节电阻箱 R_B 的阻值，使被测电流表的指针指在满偏转的 1/2 位置，此时有

$$I_A = I_B = I/2$$
$$R_A = R_B$$

R_B 可由电阻箱的读数得到，R_A（内阻）与 R_B 等效。

2）用"分压法"（即"半压法"）测量电压表的内阻。如图 2.1.2 所示，V 为被测内阻（R_V）的直流电压表，V_1 为标准电压表。测量时先将开关 S 闭合，此时电压源、V 及 V_1 呈并联，调节直流稳压电源的输出电压，使电压表 V 的指针为满偏转，V_1 表显示 V 表指针满偏转时的电压值。然后断开开关 S，调节 R_B 使电压表 V 的指示值减半，此时有

$$U = U_1/2$$
$$R_V = R_B + R_1$$

电压表的灵敏度（Ω/V）为

$$S = R_V / U$$

式中 U——电压表 V 满偏时的电压值。

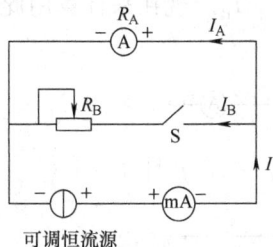

图 2.1.1 "分流法" 测内阻

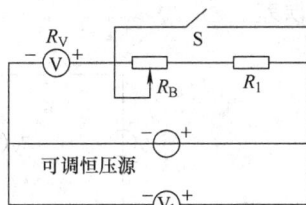

图 2.1.2 "分压法" 测内阻

（2）仪表内阻引入的测量误差计算 仪表内阻引入的测量误差通常称为方法误差，而仪表本身结构引起的误差称为仪表基本误差。以图 2.1.3 所示电路为例，R_1 上的电压为

$$U_{R1} = \frac{R_1}{R_1 + R_2} U$$

若 $R_1 = R_2$，则

$$U_{R1} = \frac{1}{2} U$$

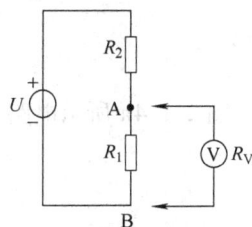

图 2.1.3 仪表内阻
引入的测量

现用一内阻为 R_V 的电压表来测量 U_{R1} 值，当 R_V 与 R_1 并联时

$$R_{AB} = \frac{R_V R_1}{R_V + R_1}$$

以此来替代式（2.1.1）中的 R_1，则得

$$U'_{R1} = \frac{\dfrac{R_V R_1}{R_V + R_1}}{\dfrac{R_V R_1}{R_V + R_1} + R_2} U$$

绝对误差为

$$\Delta U = U'_{R1} - U_{R1} = \left(\frac{\dfrac{R_V R_1}{R_V + R_1}}{\dfrac{R_V R_1}{R_V + R_1} + R_2} - \frac{R_1}{R_1 + R_2} \right) U$$

$$\Delta U = \frac{-R_1^2 R_2 U}{R_V (R_1^2 + 2R_1 R_2 + R_2^2) + R_1 R_2 (R_1 + R_2)}$$

若 $R_1 = R_2 = R_V$，则得

$$\Delta U = -\frac{U}{6}$$

相对误差为

$$\Delta U = \frac{U'_{R1} - U_{R1}}{U_{R1}} \times 100\% = \frac{-\dfrac{U}{6}}{\dfrac{U}{2}} \times 100\% = -33.3\%$$

由此可见，当电压表的内阻与被测电路的电阻相近时，测得值的误差是非常大的。

（3）伏安法测量电阻　图 2.1.4a、b 所示为伏安法测量电阻的两种电路。设所用电压表和电流表的内阻分别为 $R_V = 30\text{k}\Omega$，$R_A = 50\Omega$，电源 $U = 12\text{V}$，$R_X = 10\text{k}\Omega$。测出流过被测电阻 R_X 的电流 I_R 及其两端的电压降 U_R，则其电阻 $R_X = U_R/I_R$。现在来计算用此两电路测量结果的误差。

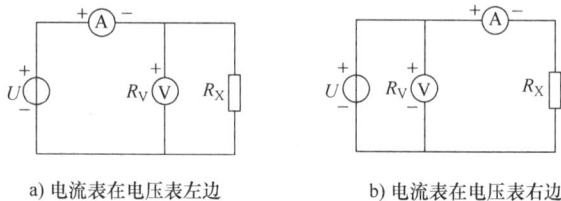

a) 电流表在电压表左边　　　　　　b) 电流表在电压表右边

图 2.1.4　伏安法测量电阻

图 2.1.4a 所示电路

$$I_R = \frac{U}{R_A + \dfrac{R_V R_X}{R_V + R_X}} = \frac{12}{0.05 + \dfrac{30 \times 10}{30 + 10}}\text{mA} = 1.59\text{mA}$$

$$U_R = I_R \frac{R_V R_X}{R_V + R_X} = 1.59 \times \frac{30 \times 10}{30 + 10}\text{V} = 11.93\text{V}$$

忽略电压表内阻影响，则有

$$R_X = \frac{U_R}{I_R} = \frac{11.93}{1.59}\text{k}\Omega = 7.50\text{k}\Omega$$

相对误差

$$\Delta a = \frac{R_X - R}{R} = \frac{7.50 - 10}{10} \times 100\% = -25\%$$

图 2.1.4b 所示电路

$$I_R = \frac{U}{R_A + R_X} = \frac{12}{0.05 + 10}\text{mA} = 1.19\text{mA}$$

忽略电流表内阻影响，则有

$$U_R = U = 12\text{V}$$

$$R_X = \frac{U_R}{I_R} = \frac{12}{1.19}\text{k}\Omega = 10.08\text{k}\Omega$$

相对误差

$$\Delta b = \frac{10.08 - 10}{10} \times 100\% = 0.8\%$$

由此可见，采用正确的测量电路，可使仪表内阻对测量结果的影响更小，从而获得较满意的测量结果。

4. 实验内容与步骤

1）根据"分流法"原理测定指针式 MF—47 型万用表表头的内阻，表头的量限为 0.05mA。电路见图 2.1.1。R_B 可选用 HE—19 中的电阻箱（下同），数据填入表 2.1.1 中。

表 2.1.1　"分流法"测试表头的内阻

被测电流表量限	S 断开时的 A 表读数/mA	S 闭合时的 A 表读数/mA	R_B/Ω	内阻 R_A/Ω
0.05mA				

2）根据"分压法"原理按图 2.1.2 接线，测定表头的内阻，$R_1 = 1k\Omega$，数据填入表 2.1.2 中。

表 2.1.2 "分压法"测试表头的内阻

被测电压表量限	S 闭合时的 V 表读数/V	S 断开时的 V 表读数/V	$R_B/k\Omega$	$R_1/k\Omega$	内阻 $R_V/k\Omega$	$S/(\Omega/V)$
0.12V						

3）将该表头扩展为直流电压 1.0V 量程，如图 2.1.5 所示，按照步骤 2）的方法，测量该表的内阻，数据填入表 2.1.3 中。

4）用图 2.1.5 指针式直流电压 1V 量程（即用表头扩展的直流电压 1.0V 量程）测量图 2.1.3 中 R_1 上的电压 U'_{R1} 之值，并计算测量的绝对误差与相对误差，数据填入表 2.1.4 中。

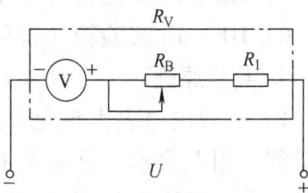

图 2.1.5 扩展 1.0V 量程

表 2.1.3 "分压法"测试 1.0V 量程表的内阻

被测电压表量限	$R_B/k\Omega$	$R_1/k\Omega$	计算内阻 $R_V/k\Omega$	$S/(\Omega/V)$
1V				

表 2.1.4 电表测量误差分析

U	R_2	R_1	R_{1V} /kΩ	计算值 U_{R1} /V	实测值 U'_{R1} /V	绝对误差 ΔU	相对误差 $(\Delta U/U) \times 100\%$
6V	10kΩ	2kΩ					
6V	1kΩ	200Ω					

5. 预习要求与思考题

1）认真阅读附录中"电工技术教学实验台"使用说明。

2）实验台上配有实验所需的恒流源，为什么在开启电源开关前，应将恒流源的输出粗调拨到 2mA 档，输出细调旋钮应调至最小？

3）当恒流源输出端接有负载时，如果需要将其粗调旋钮由低档位向高档位切换时，为什么必须先将其细调旋钮调至最小？

4）根据实验内容 1 和 2，若已求出 0.05mA 档和 0.12V 档的内阻，可否直接计算得出 5mA 档和 10V 档的内阻？

5）用量程为 1A 的电流表测实际值为 0.8A 的电流时，实际读数为 0.81A，求测量的绝对误差和相对误差。

2.2 电流表、电压表的设计及量程扩展

1. 实验目的

1）了解指针式电表各量程内阻对电路测量的影响。

2）掌握电流表表头改装成电流表和电压表的方法。

3）学习改装表与标准表的校验方法。

2. 实验设备

1）0~30V 直流稳压电源。

2）0~500mA 直流恒流源。

3）0~300V 智能直流电压表。

4）0~500mA 智能直流电流表。

5）HE—11 实验箱（含 46~50μA 基本表）。

6）HE—19 实验箱（含可调电阻箱）。

3. 实验原理

1）一只电流表表头允许通过的最大电流称为该表的基

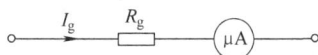

图 2.2.1　基本表等效电路

本量程，用 I_g 表示，该表头有一定的内阻，用 R_g 表示。这就是一个"基本表"，其等效电路如图 2.2.1 所示。I_g 和 R_g 是基本表的两个重要参数。

2）满量程为 50μA 的电流表，允许流过的最大电流为 50μA，过大的电流会造成"打针"，甚至烧断电流线圈、使游丝变形而损坏。要用它测量超过 50μA 的电流，也即要扩大电表的测量范围，可选择一个合适的分流电阻 R_A 与基本表并联，如图 2.2.2 所示。R_A 的大小可以精确算出。

设基本表满量程为 $I_g = 50μA$，基本表内阻 $R_g = 1000Ω$。

现要将其量程扩大 20 倍（即可用来测量 1mA 电流），则并联的分流电阻 R_A 应满足下式：

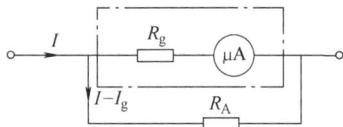

图 2.2.2　扩大电流量程

$$I_g R_g = (I - I_g) R_A$$

$$0.05mA \times 1000Ω = (1 - 0.05)mA \times R_A$$

$$R_A = \frac{50}{0.95}Ω = 52.6Ω$$

同理，要使其量程扩展为 10mA，则应并联 5.03Ω 的分流电阻。

当用改装后的电流表来测量 1（或 10）mA 以下的电流时，只要将基本表的读数乘以 1（或 10）或者直接将电表面板的满刻度刻成（1 或 10）mA 即可。

3）满量程为 50μA 的电流表也可以改装为一只电压表，只要选择一只合适的分压电阻 R_V 与基本表相串联即可，如图 2.2.3 所示。

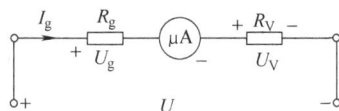

图 2.2.3　改装成电压表

设被测电压值为 U，则

$$U = U_g + U_V = I_g(R_g + R_V)$$

$$R_V = \frac{U - I_g R_g}{I_g} = \frac{U}{I_g} - R_g$$

要将满量程为 50μA 的电流表改装成量程为 1V 的电压表，则应串联的分压电阻为

$$R_V = \left(\frac{1V}{0.05mA} - 1000\right)Ω = (20000 - 1000)\ Ω = 19000Ω$$

若要将量程扩大到 10V，应串多大的分压电阻呢？

4. 实验内容与步骤

（1）46～50μA 表头的检验

1）先对 46～50μA 表头进行机械调零，而后将其与恒流源的输出、标准电流表串联起来（注意：①恒流源的档位和输出调节旋钮均调到最小；②标准电流表量程相应调小）。

2）调节恒流源的输出，最大不超过 50μA（基本表表头满刻度为止）。

3）调节恒流源的输出，令基本表从满刻度调至 0（以 20% 的递减），读取标准表的读数，并记录在表 2.2.1 中。

表 2.2.1　表头的检验数据

基本表头读数/μA	满刻度	0.8×满度值	0.6×满度值	0.4×满度值	0.2×满度值	0
标准表读数/μA						

（2）将基本表改装为量程为 1mA 的毫安表

1）由 $I_g R_g = (I - I_g) R_A$，将分流电阻 R_A 并联在基本表的两端，这样就将基本表改装成了满量程为 1mA 的毫安表。

2）将恒流源的输出调至 1mA（串入标准表读出 1mA）。

3）调节恒流源的输出，使其标准表读出从 1mA 调至 0，依次减小 0.2mA，用改装好的毫安表依次测量恒流源的输出电流，并记录在表 2.2.2 中。

表 2.2.2　改装为量程 1mA 电流表检验数据

（恒流源的输出电流） 标准表读数/mA	1	0.8	0.6	0.4	0.2	0
改装表读数/mA						

4）将分流电阻改换为上述 R_A 的 0.1 倍，再重复步骤 3），特别注意要改变恒流源的输出值。

（3）将基本表改装为一只满量程为 10V 电压表

1）将分压电阻 R_V（经过计算）与基本表相串联，这样基本表就被改装成为满量程为 10V 的电压表。

2）将电压源的输出调至 10V（并联一只标准电压表测得）。

3）调节电压源的输出，使用改装成的电压表测其从 10V 至 0，依次减小 2V，同时用标准表进行测量校验，并记录于表 2.2.3 中。

表 2.2.3　改装为 10V 电压表检验数据

改装表读数/V	10	8	6	4	2	0
电压源输出/V （用标准电压表测得）						

4）将分压电阻换成上述 R_V 的 0.1 倍，重复上述测量步骤（注意调整电压源的输出）。

5. 预习要求与思考题

1）输入仪表的电压和电流过大或接入仪表的极性相反会造成什么后果？

2）用标准表进行校验时，标准表如何选择？

3）如果要将本实验中的几种测量改为万用表的操作方式，以便对不同量程的电压、电流进行测量，需要用什么样的开关来进行切换？该电路应如何设计？

2.3 电路元器件伏安特性的测试

1. 实验目的

1) 掌握电路基本元器件的测试方法。

2) 学习用逐点测试法测试电路基本元器件伏安特性。

3) 了解电路元器件测试或使用中应注意的问题。

2. 实验设备

1) 0 ~ 30V 可调直流稳压电源。

2) 0 ~ 300V 直流数字电压表。

3) 0 ~ 500mA 直流数字毫安表。

4) HE—11 实验箱（含 200Ω、510Ω、1kΩ/2W 线性电阻器，12V/0.1A 白炽灯，1N4007 二极管，2CW51 稳压管）。

3. 实验原理

通过某一元器件的电流 I 与该元器件上的端电压 U 的函数关系可用 $I = f(U)$ 来表示，若用 I—U 平面上的一条曲线来表征，这条曲线称为该元器件的伏安特性曲线。

1) 线性电阻器的伏安特性曲线是一条通过坐标原点的直线，如图 2.3.1 中 a 线所示，该直线的斜率等于该电阻器的电阻值。

2) 一般的白炽灯的"冷电阻"与"热电阻"的阻值可相差几倍至十几倍，白炽灯通电后，灯丝温度随着通电电流的增大而升高，而灯丝电阻则随着温度的升高而增大。它的伏安特性如图 2.3.1 中 b 曲线所示。

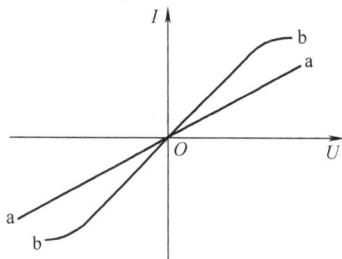

图 2.3.1　线性电阻器与白炽灯的伏安特性　　　　图 2.3.2　二极管与稳压管的伏安特性

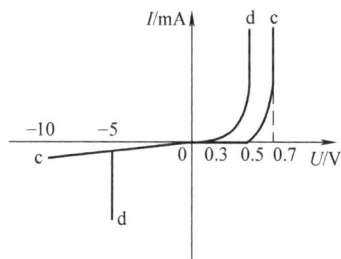

3) 二极管是一个非线性器件，并具有单向导电性，锗材料二极管正向压降约为 0.2 ~ 0.3V，硅材料约为 0.5 ~ 0.7V。当锗（硅）材料二极管正向压降大于 0.3V（0.7）时，正向电流急剧上升。而反向电压从零一直增加到几十伏时，反向电流增加很小，仅有微小的漏电流，有的甚至为零。但反向电压加到超过二极管的极限值时，将导致其击穿损坏。二极管伏安特性如图 2.3.2 中 c 曲线所示。

4) 稳压管是一种特殊的二极管，其正向特性与二极管相似，但其反向特性与二极管不同，反向电流持续一段为零，但电压增加到某一数值时电流将突然增加，当电流达到其额定电流时，稳压管则达到其稳压值，之后它的端电压将基本维持不变（当外加的反向电压继续升高时其端电压仅有少量增加），如图 2.3.2 中 d 曲线所示。

注意：流过二极管或稳压管的电流不能超过其的极限值，否则就会烧坏。

4. 实验内容与步骤

（1）线性电阻器伏安特性的测定　按图 2.3.3 接线，调节稳压电源的输出电压 U，从 0V 开始缓慢地增加到 10V，记下相应的电压表和电流表的读数 U_R、I，测试数据填入表 2.3.1 中。而后将稳压电源的输出电压 U 调为 0V（下同）。

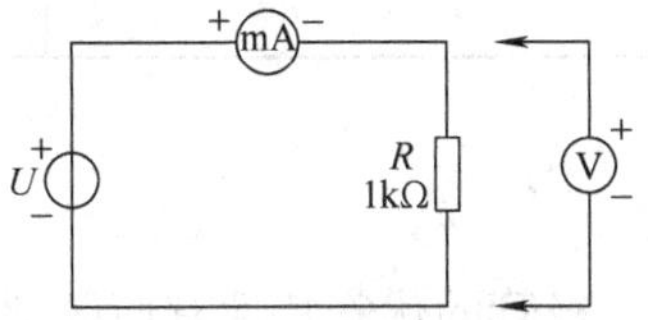

图 2.3.3　电阻伏安特性 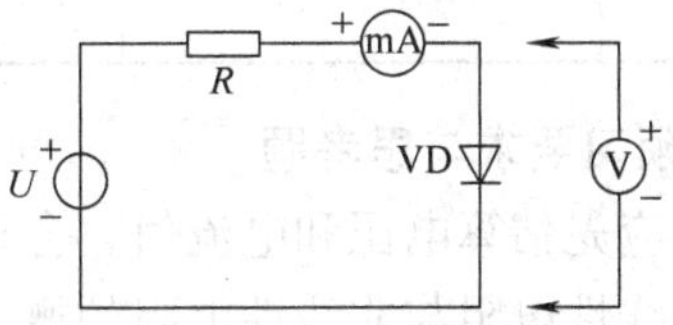　　　　　图 2.3.4　二极管伏安特性

表 2.3.1　线性电阻器伏安特性实验数据

U_R/V	0	2	4	6	8	10
I/mA						

（2）白炽灯伏安特性的测定　将图 2.3.3 中的 R 换成一只 12V/0.1A 的白炽灯，U_L 为白炽灯的端电压，根据表 2.3.2 中 U_L 给定电压值，记录电流表的读数 I，并记录于表 2.3.2 中。

表 2.3.2　白炽灯伏安特性实验数据

U_L/V	0.2	0.5	1	2	3	4	5
I/mA							

（3）二极管伏安特性的测定

1）按图 2.3.4 接线，二极管 VD 选用 1N4007，限流电阻器 $R = 200\Omega$，测二极管的正向特性，测试数据填入表 2.3.3 中（若二极管选用 2AP9，其正向电流不得超过 36mA）。

表 2.3.3　二极管正向特性实验数据

U_{VD+}/V	0.10	0.30	0.50	0.55	0.60	0.65	0.70	0.75
I/mA								

2）将图 2.3.4 中稳压电源输出反接，反向电压 U_{VD-} 可从 0 加到 -30V，测二极管的反向特性，并将数据填入表 2.3.4 中。

表 2.3.4　二极管反向特性实验数据

U_{VD-}/V	0	-5	-10	-15	-20	-25	-30
I/mA							

（4）稳压管伏安特性的测定

1）将图 2.3.4 中的二极管换成稳压管 2CW51，测试 2CW51 的正向特性，正向电流不得超过 36mA，把测试数据记录在表 2.3.5 中。

表 2.3.5　稳压管正向特性实验数据

U_{Z+}/V	0.10	0.30	0.50	0.55	0.60	0.65	0.70	
I/mA								36

2）将图 2.3.4 中的稳压电源输出反接，R 换成 510Ω，测量 2CW51 的反向特性。稳压电源的输出电压 U_0 从 $0 \sim 14V$，测量 2CW51 两端的电压 U_{Z-} 及电流 I，将测试数据记录在表 2.3.6 中。

表 2.3.6 稳压二极管反向特性实验数据

U_0/V	0	2	4	6	8	10	12	14
U_{Z-}/V								
I/mA								

5. 预习要求与思考题

1）应先估算电压和电流值，合理选择仪表的量程。

2）线性电阻与非线性电阻的概念是什么？电阻器与二极管的伏安特性有何区别？

3）设某器件伏安特性曲线的函数式为 $I = f(U)$，试问在逐点绘制曲线时，其坐标变量应如何放置？

2.4 基尔霍夫定律的验证

1. 实验目的

1）验证基尔霍夫定律的正确性，加深对基尔霍夫定律的理解。

2）通过测试电流、电压，初步掌握电路出现故障的分析能力。

3）学会用电流插头、插座测量各支路电流的方法。

2. 实验设备

1）二路 $0 \sim 30V$ 直流稳压电源。

2）直流数字电压表。

3）直流数字毫安表。

4）HE—11 实验箱。

5）HE—12 实验箱。

3. 实验原理

在任一瞬时，流向节点的电流之和应该等于节点流出的电流之和，即在任一瞬时，一个节点上电流的代数和恒等于零（$\Sigma I = 0$），这就是基尔霍夫电流定律（KCL）。

在任一瞬时，沿任一闭合回路（顺时针方向或逆时针方向），回路中各段电压的代数和恒等于零（$\Sigma U = 0$），即基尔霍夫电压定律（KVL）。

测量某电路的各支路电流及每个元件两端的电压，应能分别满足基尔霍夫两个基本定律。运用上述定律必须注意各支路或闭合回路中电流的正方向，此方向可预先任意设定。

4. 实验内容与步骤

（1）验证基尔霍夫电流定律（KCL）

1）设定三条支路电流 I_1、I_2、I_3 参考方向如图 2.4.1 所示。

2）按图 2.4.1 接线，在 HE—11 实验箱中选定 R_1、R_2、R_3 值，分别将两路直流稳压源接入电路，稳压源电压从 0V 开始调节，使 AD、CD 间电压调至 $U_1 = 9V$，$U_2 = -5V$。

3）用一只直流电流表分别串入各支路，测得 I_1、I_2、I_3 值。注意电流表 " + "、" − "

极性的连接，让电流从电流表"＋"极流入，"－"极流出，若电流表读数为负值，则表明电流的实际方向与参考方向相反。

（2）验证基尔霍夫电压定律（VCL）

1）设定三个闭合回路的电流正方向：可设为 AB-CDA、BDCB 和 ABDA。

2）用直流数字电压表分别测量两路电源及电阻元件上的电压值。测试时电压表的"＋"极接电阻端电压下标的第一个字母，把测试数据填入表 2.4.1 中。

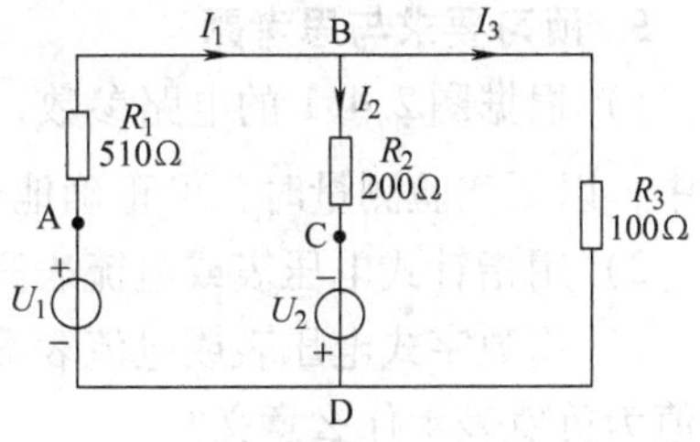

图 2.4.1 验证基尔霍夫定律验证电路

表 2.4.1 验证基尔霍夫定律实验数据

被测量	U_1/V	U_2/V	I_1/mA	I_2/mA	I_3/mA	U_{AB}/V	U_{BC}/V	U_{CD}/V	U_{DA}/V
理论值									
测量值									
相对误差									

（3）电路故障分析

1）电路如图 2.4.2 所示，取用 HE—12 实验箱，故障设置按键在电路左下端。调两路直流电源输出电压分别为 $U_1 = 9V$ 和 $U_2 = 5V$。

2）熟悉插头的结构，将插头的两端接至数字毫安表的"＋"、"－"两端，红色的接毫安表的"＋"端。

3）分别按下故障设置按键，测量并记录数值于表 2.4.2 中，再根据测量结果判断出故障的性质和故障点。

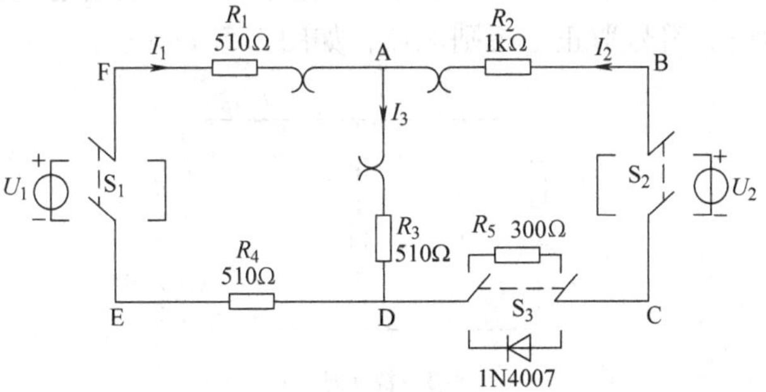

图 2.4.2 故障设置与分析电路

表 2.4.2 测试并分析电路故障点数据

	U_1/V	U_2/V	I_1/mA	I_2/mA	I_3/mA	U_{FA}/V	U_{AB}/V	U_{AD}/V	U_{CD}/V	U_{DE}/V
理论估算										
故障1										
故障2										
故障3										

5. 预习要求与思考题

1）根据图 2.4.1 的电路参数，计算出待测的电流 I_1、I_2、I_3 和各电阻上的电压值，记入表中，以便实验测量时，可正确地选定毫安表和电压表的量程。

2）用指针式电压表或电流表测量电压或电流时，如果仪表指针反偏，怎么办？

3）用数字式电压表或电流表测量，则可直接读出电压或电流值。若所读得的电压或电流值为负值表示什么意义？

2.5 线性电路叠加性和齐次性的研究

1. 实验目的

1）验证叠加原理。

2）加深对线性电路的叠加性和齐次性的认识和理解。

2. 实验设备

1）二路 0～30V 可调直流稳压电源。

2）直流数字电压表。

3）直流数字毫安表。

4）HE—12 实验箱（含叠加实验电路）。

3. 实验原理

叠加原理指出：在有多个独立源共同作用下的线性电路中，通过每一个元件的电流或其两端的电压，可以看成是由每一个独立源单独作用时在该元件上所产生的电流或电压的代数和。具体方法是：一个独立源单独作用时，其他的独立源必须去掉（电压源短路，电流源开路）；在求电流或电压的代数和时，当独立源单独作用时电流或电压的参考方向与共同作用时的参考方向一致时，符号取正，否则取负，如图 2.5.1 所示。

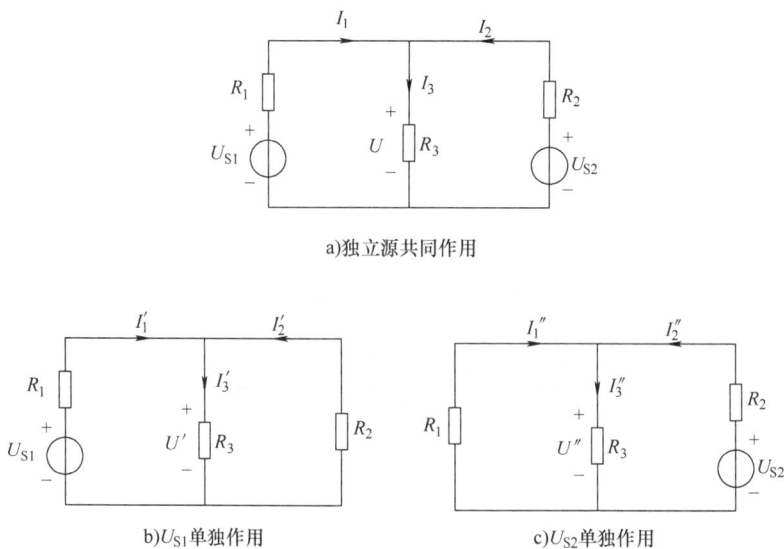

a)独立源共同作用

b)U_{S1}单独作用   c)U_{S2}单独作用

图 2.5.1　叠加原理分析电路

图 2.5.1 中，$U = U' + U''$，$I_3 = I_3' + I_3''$。

线性电路的齐次性是指当激励信号（某独立源的值）增加或减小 K 倍时，电路的响应（即在电路中各电阻元件上所建立的电流和电压值）也将增加或减小 K 倍。

4. 实验内容与步骤

用 HE—12 挂箱的"基尔霍夫定律/叠加原理"测试电路，如图 2.5.2 所示。

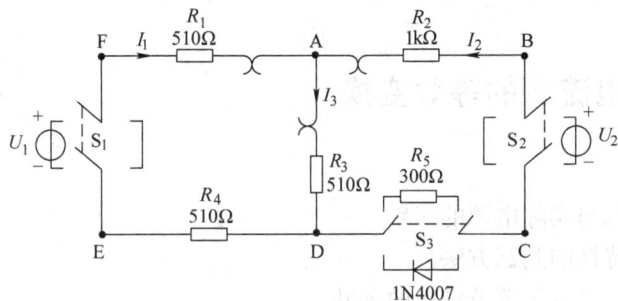

图 2.5.2　验证叠加原理测试电路

（1）线性电路测试

1）开关 S_3 投向 R_5，将两路直流稳压源接入电路，稳压源电压从 0V 开始调节，使 $U_1 = 12V$、$U_2 = 6V$。

2）令 U_1 电源单独作用（将开关 S_1 投向 U_1 侧，开关 S_2 投向短路侧）。用直流数字毫安表（接插头）和电压表测量各支路电流及各电阻元件两端的电压，数据记入表 2.5.1 中。

3）令 U_2 电源单独作用（将开关 S_1 投向短路侧，开关 S_2 投向 U_2 侧），重复实验步骤2）。

4）令 U_1 和 U_2 共同作用（开关 S_1 和 S_2 分别投向 U_1 和 U_2 侧），重复上述的测量和记录。

5）将 U_2 的数值调至 +12V，重复上述步骤3）的测量并记录，数据记入表 2.5.1 中。

表 2.5.1　线性电路验证叠加原理实验数据

测量项目 实验内容	U_1/V	U_2/V	I_1/mA	I_2/mA	I_3/mA	U_{FA}/V	U_{AB}/V	U_{CD}/V	U_{DE}/V	U_{AD}/V
U_1单独作用										
U_2单独作用										
U_1、U_2共同作用										
$2U_2$单独作用										

（2）非线性电路测试　将开关 S_3 投向二极管 1N4007 侧，即将 R_5 换成二极管，电路呈非线性，重复步骤（1）中1）～5）的测量过程。数据表格同上，自拟。

*（3）将 U_1 换成恒流源进行线性电路测试　将 U_1 换成恒流源，恒流源输出正端接 F 点，负端接 E 点，输出电流 $I = 8mA$，重复步骤（1）的测量过程。数据表格同上，自拟。

5. 预习要求与思考题

1）实验前必须预先计算线性电路的各支路电流和各元件端电压，以便选择仪表量程和检验测试结果。

2）用插头测量各支路电流时，或者用电压表测量电压降时，应注意什么？

3）在叠加原理实验中，要令 U_1、U_2 分别单独作用，应如何操作？是否可直接将不作用的电源（U_1 或 U_2）短接置零？

4）在 U_1、U_2 分别单独作用和共同作用下，计算流过各电阻的电流所产生的功率是否满足叠加定理。

实验电路中，若有一个电阻器改为二极管，试问叠加原理的叠加性与齐次性还成立吗？为什么？

2.6 电压源与电流源的等效变换

1. 实验目的

1）理解理想电源与实际电源的区别。

2）掌握电源外特性的测试方法。

3）验证电压源与电流源等效变换的条件。

2. 实验设备

1）0～30V 可调直流稳压电源。

2）0～500mA 可调直流恒流源。

3）直流数字电压表。

4）直流数字毫安表。

5）HE—19 实验箱。

6）HE—11 实验箱（含 120Ω、200Ω、510Ω、1kΩ 电阻器）。

3. 实验原理

1）一个理想电压源，内阻几乎为零，故其输出电压不随负载电流而变。同样一个理想电流源，在一定的负载电阻范围内，其输出电流不随负载电阻的端电压而变。而一个实际的电压源（或电流源），端电压（或输出电流）不可能不随负载而变，因其具有一定的内阻值。

2）实验台上的电压源，因其内阻很小，故可看成是理想的电压源；而电流源，因其内阻很大，故可看成是理想的电流源。实际的电压源（或电流源），是用一个电阻与稳压源（或恒流源）相串联（或并联）来模拟的。

3）一个实际的电源，就其外部特性而言，既可以看成是一个电压源，又可以看成是一个电流源。若视为电压源，则可用一个理想的电压源 U_S 与一个电阻 R_0 相串联的组合来表示；若视为电流源，则可用一个理想电流源 I_S 与一电导 g_0 相并联的组合来表示。如果分别向同一个电阻提供出同样大小的电流和端电压，即具有相同的外特性，则这些不同种类的电源是等效的。

一个电压源与一个电流源等效变换的条件如下：

电压源变换为电流源：$I_S = U_S/R_0$，$g_0 = 1/R_0$，电流源变换为电压源：$U_S = I_S R_0$，$R_0 = 1/g_0$，如图 2.6.1 所示。

4. 实验内容与步骤

（1）测定直流稳压电源（理想电压源）与实际电压源的外特性

1）按图 2.6.2 接线。电路接好后调节直流稳压电源，使 U_S 为 +10V。调节 R_2（可用电阻箱），令其阻值由大至小变化，记录两表（电压表、电流表，后同）的读数于表 2.6.1 中。

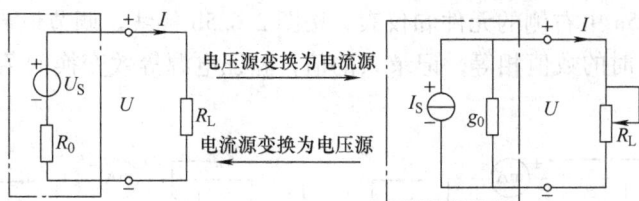

图 2.6.1 电压源与电流源等效变换

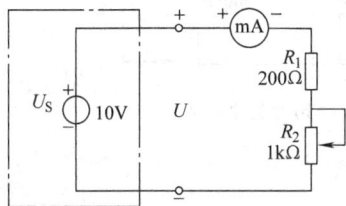

图 2.6.2 理想电压源外特性测试电路

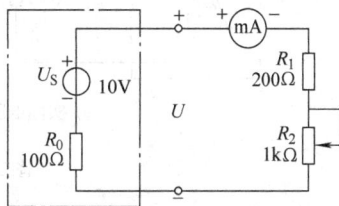

图 2.6.3 实际电压源外特性测试电路

表 2.6.1 理想电压源外特性测试实验数据

R_2/Ω	0	100	200	300	400	1000	∞
U/V							
I/mA							

2）按图 2.6.3 接线，点画线框为一个模拟的实际电压源。调节 R_2，令其阻值由大至小变化，记录两表的读数于表 2.6.2 中。

表 2.6.2 实际电压源外特性测试实验数据

R_2/Ω	0	100	200	300	400	1000	∞
U/V							
I/mA							

（2）测定电流源的外特性

1）令 R_0 为 ∞，按图 2.6.4 接线后，调节直流恒流源 I_S，使其输出为 8mA，改变 R_L 值，记录两表的读数于表 2.6.3 中。

2）令 R_0 为 $1k\Omega$，重复 1）调节与测试方法，但应当先用电流表串入直流恒流源 I_S 使其输出为 8mA。记录两表的读数，表格自拟。

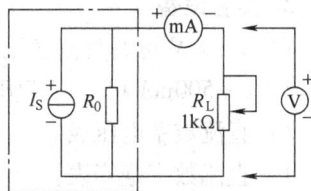

图 2.6.4 电流源外特性测试电路

表 2.6.3 $R_0 = \infty$ 数据表

R_L/Ω	0	100	200	300	400	500	600	700	800	900
U/V										
I/mA										

（3）电源的等效变换

1）按图 2.6.5a 电路接线，记录电路中两表的读数。

2）利用图 2.6.5a 中右侧的元件和仪表，按图 2.6.5b 接线。调节恒流源的输出电流 I_S，使两表的读数与 1）时的数值相等，记录 I_S 的值，验证电源等效变换的条件 ［外部特性 $I = f(U)$］。

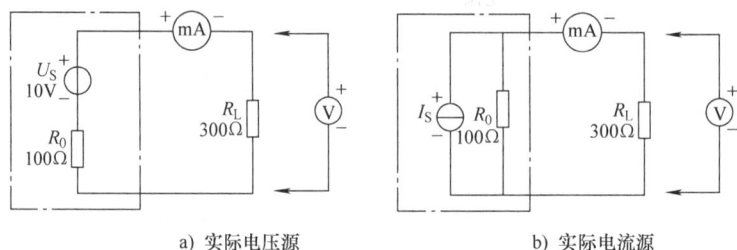

　　　　　a）实际电压源　　　　　　　　　　b）实际电流源

图 2.6.5　电源的等效变换

5. 预习要求与思考题

1）测电压源外部特性 $I = f(U)$ 时，为什么负载电阻要接一个固定电阻器？

2）为什么在测电压源外部特性 $I = f(U)$ 时，要测空载时的电压值，而测电流源外特性时，要测短路时的电流值。

3）电压源与电流源的外特性为什么呈下降变化趋势，稳压源和恒流源的输出在任何负载下是否保持恒值？

4）为什么每个电路的电压、电流测试结束后必须把电源调至最小？

2.7　有源二端网络等效定理及等效参数的测定

1. 实验目的

1）掌握测量线性有源二端网络等效参数的一般方法。

2）验证戴维南定理和诺顿定理的正确性，加深对该定理的理解。

2. 实验设备

1）0 ~ 30V 可调直流稳压电源。

2）0 ~ 500mA 可调直流恒流源。

3）直流数字电压表。

4）直流数字毫安表。

5）HE—19、HE—11 实验箱。

6）HE—12 实验箱（含戴维南定理实验电路板）。

3. 实验原理

（1）等效电源定理定义

1）戴维南定理：任何一个有源线性网络，无论电路多么复杂，都可以用一个电动势为 E 理想的电压源与一个电阻 R_0 串联的电源来等效代替，等效电源的电动势 E 等于这个有源二端网络的开路电压 U_{OC}，等效电源的内阻 R_0 等于该网络中所有独立源均置零（理想电压源视为短路，理想电流源视为开路）时的等效电阻。

2）诺顿定理：任何一个线性有源网络，总可以用一个电流源与一个电阻的并联组合来等效代替，此电流源的电流 I_S 等于这个有源二端网络的短路电流 I_{SC}，其等效内阻 R_0 定义同戴维南定理。

$U_{OC}(E)$ 和 R_0 或者 $I_{SC}(I_S)$ 和 R_0 称为有源二端网络的等效参数。

（2）有源二端网络等效参数的测量方法

1）开路电压、短路电流法测 U_{OC} 和 R_0。如图 2.7.1 所示，断开有源二端网络输出端，用电压表测试其输出端的开路电压 U_{OC}，然后将其输出端短路，用电流表测其短路电流 I_{SC}，则等效内阻为

$$R_0 = \frac{U_{OC}}{I_{SC}}$$

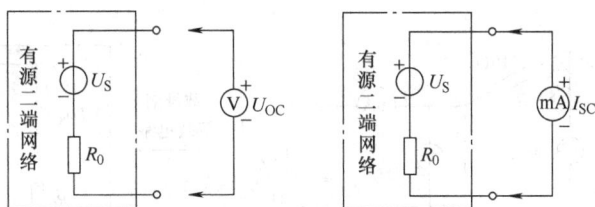

图 2.7.1 有源二端网络等效参数测试

如果二端网络的内阻很小或开路电压 U_{OC} 太高，其输出端口短路易损坏内部元器件，因此不宜用此法。

2）零示法测 U_{OC}。在测量具有高内阻有源二端网络的开路电压时，可以采用电流表或电压表来测试，方法如图 2.7.2 所示，即用一低内阻的稳压电源与被测有源二端网络进行比较，当稳压电源的输出电压与有源二端网络的开路电压相等时，电压表的读数将为 "0"。然后将电路断开，测量此时稳压电源的输出电压，即为被测有源二端网络的开路电压。

3）半电压法测 R_0。如图 2.7.3 所示，当负载电压为被测网络开路电压的一半时，负载电阻（由电阻箱的读数确定）即为被测有源二端网络的等效内阻值。

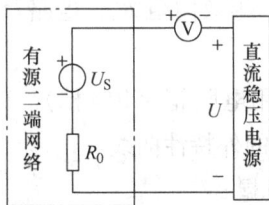

图 2.7.2 零示法测 U_{OC}

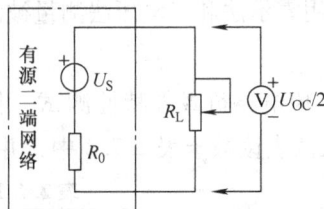

图 2.7.3 半电压法测 R_0

4）伏安法测 R_0。用电压表、电流表测出有源二端网络的外特性曲线，如图 2.7.4 所示。根据外特性曲线求出斜率 $\tan\varphi$，则内阻

$$R_0 = \tan\varphi = \frac{\Delta U}{\Delta I} = \frac{U_{OC}}{I_{SC}}$$

也可以先测量开路电压 U_{OC}，再测量电流为额定值 I_N 时的输出端电压值 U_N，则内阻为

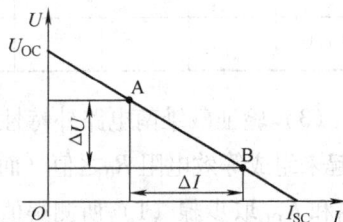

图 2.7.4 伏安法分析

$$R_0 = \frac{U_{OC} - U_N}{I_N}$$

4. 实验内容与步骤

被测有源二端网络如图 2.7.5a 所示，即 HE—12 挂箱中"戴维南定理/诺顿定理"测试电路。

（1）测试开路电压 U_{OC}、等效内阻 R_0

1）用开路电压、短路电流法测定戴维南等效电路的 U_{OC} 和 R_0。在 2.7.5a 中，接入稳压电源 $U_S = 12V$ 和恒流源 $I_S = 10mA$，R_L 不接入。利用开关 S，分别测定 U_{OC} 和 I_{SC}，并计算出 R_0，把测试数据填入表 2.7.1 中（测 U_{OC} 时，不接入毫安表）。

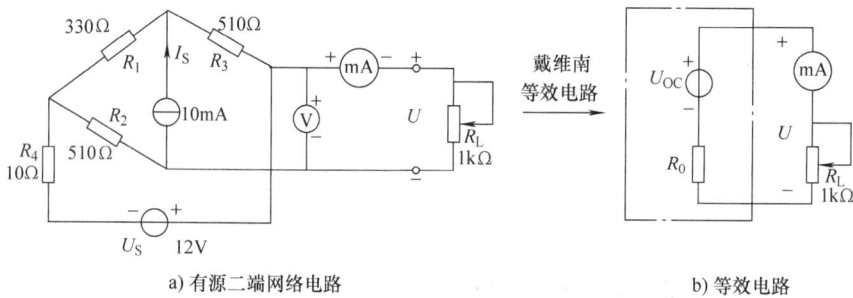

a) 有源二端网络电路　　　　　　　　　　　b) 等效电路

图 2.7.5　有源二端网络与等效电路

表 2.7.1　有源二端网络等效参数

U_{OC}/V	I_{SC}/mA	R_0/Ω

表 2.7.1 中，$R_0 = U_{OC}/I_{SC}$。

2）用零示法和半电压法测量被测网络的开路电压 U_{OC}、等效内阻 R_0，电路及数据表格自拟。

（2）原电路负载外特性测试　按图 2.7.5a 接入 R_L（用电阻箱 ×100 档）。改变 R_L 阻值，记录两表读数于表 2.7.2 中，并据此画出有源二端网络的外特性曲线。

表 2.7.2　原电路负载外特性实验数据

R_L/Ω	0	100	200	300	400	500	600	700	800	900	∞
U/V											
I/mA											

（3）验证戴维南电路外特性测试　用一只 510Ω 的电阻与电阻箱（×10 以下各档）串联起来组成等效电阻 R_0 之值，而后将其与直流稳压电源 U_{OC} 串联，构成原电路的等效电路（R_0 和 U_{OC} 取步骤（1）所测得值），R_L 同步骤（2），如图 2.7.5b 所示，记录两表读数于表 2.7.3 中，对戴维南定理进行验证。

表 2.7.3 戴维南等效电路外特性实验数据

R_L/Ω	0	100	200	300	400	500	600	700	800	900	∞
U/V											
I/mA											

（4）验证诺顿定理电路外特性测试　电路自拟，测试数据填入表 2.7.4 中。

表 2.7.4 诺顿等效电路外特性实验数据

R_L/Ω	0	100	200	300	400	500	600	700	800	900	∞
U/V											
I/mA											

5. 预习要求与思考题

1）实验前必须进行理论值计算。

2）如果有固定电阻 510Ω，可变电阻有 ×0.1、×1、×10、×100，而可变电阻 ×100 必须作为负载电阻，则等效电阻如何连接？

3）在求戴维南等效电路时，作短路试验，测 I_{SC} 的条件是什么？在本实验中是否可直接作负载短路实验？

4）说明测量有源二端网络开路电压及等效内阻的几种方法，并比较其优缺点。

2.8 等效网络变换的原理与测试

1. 实验目的

1）掌握无源等效网络变换的条件及计算。

2）用实验验证等效变换的正确性。

2. 实验设备

1）0～30V 直流稳压电源。

2）直流电流表。

3）直流电压表。

4）HE—11、HE—19 实验箱。

3. 实验原理

图 2.8.1 所示的三角形（△）电路和星形（丫）电路可相互进行等效变换。等效变换的条件是：必须保证两种电路相对应的端点①、②、③之间的电压相等，流过①、②、③端点的电流也相等。据此可以得出三角形电路与星形电路互相进行等效变换的计算公式如下：令 $R_{12} + R_{23} + R_{31} = R_\triangle$，则 $R_1 = R_{12}R_{31}/R_\triangle$，$R_2 = R_{23}R_{12}/R_\triangle$，$R_3 = R_{31}R_{23}/R_\triangle$；或者令 $R_1R_2 + R_2R_3 + R_3R_1 = R_丫$，则 $R_{12} = R_丫/R_3$，$R_{23} = R_丫/R_1$，$R_{31} = R_丫/R_2$。

4. 实验内容与步骤

用 HE—11、HE—19 等实验箱上电阻构成图 2.8.2 所示的"等效网络变换测试电路"。

1）在元件箱、HE—11、HE—19 等实验箱选出 R_{12}、R_{23}、R_{31} 并组成三角形电路。

2）按图 2.8.2 接线。将步骤 1）中的三角形电路对应接入①、②、③三处。将稳压电

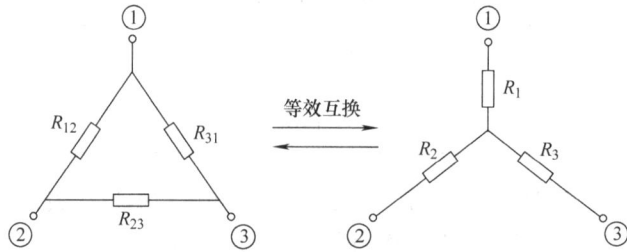

图 2.8.1 等效网络变换

源接入并调得其输出电压为 12V，分别将电流表串入测试 I_1、I_2、I_3，即得 $I_{1\triangle} \sim I_{3\triangle}$，再用电压表测量 $U_{\triangle12}$、$U_{\triangle23}$、$U_{\triangle31}$，把测试数据记录入表 2.8.1 中。

3）计算该三角形电路，使其等效转换为星形电路时各支路的电阻 R'_1、R'_2、R'_3 值。在实验箱上选择 R_4、R_5、R_6 分别与 RP_1、RP_2、RP_3 串联，调节出 R'_1、R'_2、R'_3 的值（用万用表测量）。

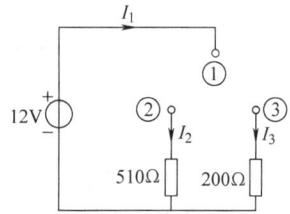

图 2.8.2 等效网络变换测试电路

4）拆去三角形电路，将计算所得的 R'_1、R'_2、R'_3 接成星形电路，按序号接入①、②、③三处，用毫安表依次测量并记录 $I_{1Y} \sim I_{3Y}$，用电压表测量 U_{Y12}、U_{Y23}、U_{Y31}，把测试数据记录于表 2.8.1 中。

5）参照步骤 1）~4），将由实验电路板 R_1、R_2、R_3 构成的星形电路转换成三角形电路，计算并调节出 R'_{12}、R'_{23}、R'_{31}，再分别测量 I'_{1Y}、I'_{2Y}、I'_{3Y}、$I'_{1\triangle}$、$I'_{2\triangle}$、$I'_{3\triangle}$、U'_{Y12}、U'_{Y23}、U'_{Y31}、$U'_{\triangle12}$、$U'_{\triangle23}$、$U'_{\triangle31}$，把测试数据记录表 2.8.1 中。

6）R_{12}、R_{23}、R_3 可选择 220Ω、300Ω、470Ω 或 300Ω、300Ω、300Ω；R_1、R_2、R_3 可选择 220Ω、300Ω、470Ω 或 100Ω、100Ω、100Ω。

表 2.8.1 等效网络变换实验数据

电路状态		原始电路			变换后电路		
电路形式		三角形电路			星形电路		
电阻值/Ω		$R_{12}=$	$R_{23}=$	$R_{31}=$	$R'_1=$	$R'_2=$	$R'_3=$
测量值	电流/mA	$I_{1\triangle}=$	$I_{2\triangle}=$	$I_{3\triangle}=$	$I_{1Y}=$	$I_{2Y}=$	$I_{3Y}=$
	电压/V	$U_{\triangle12}=$	$U_{\triangle23}=$	$U_{\triangle31}=$	$U_{Y12}=$	$U_{Y23}=$	$U_{Y31}=$
电路形式		星形电路			三角形电路		
电阻值/Ω		$R_1=$	$R_2=$	$R_3=$	$R'_{12}=$	$R'_{23}=$	$R'_{31}=$
测量值	电流/mA	$I'_{1Y}=$	$I'_{2Y}=$	$I'_{3Y}=$	$I'_{2\triangle}=$	$I'_{2\triangle}=$	$I'_{3\triangle}=$
	电压/V	$U'_{Y12}=$	$U'_{Y23}=$	$U'_{Y31}=$	$U'_{\triangle12}=$	$U'_{\triangle23}=$	$U'_{\triangle31}=$

5. 预习要求与思考题

1）实验前应进行 △–Y 等效变换电阻的计算，并估算各支路电流的范围，以便测量时选用合适的仪表量程。

2）网络等效变换的目的是什么？△–Y 网络等效变换的条件是什么？

3）推导△－丫电路等效变换的电阻计算公式。

2.9 最大功率传输设计及测试

1. 实验目的

1）掌握负载获得最大传输功率的条件，了解电源输出功率与效率的关系。

2）初步学习电路的设计。

2. 实验设备

1）0～30V 直流稳压电源。

2）直流电流表、直流电压表。

3）HE—11、HE—19 实验箱。

3. 实验原理

（1）电源与负载功率的关系　图 2.9.1 所示电路可视为由一个电源向负载输送电能的模型，R_0 可视为电源内阻和传输线路电阻的总和，R_L 为可变负载电阻。

负载 R_L 上消耗的功率 P 可由下式表示：

$$P = I^2 R_L = \left(\frac{U}{R_0 + R_L} \right)^2 R_L$$

图 2.9.1　最大传输功率
分析电路

当 $R_L = 0$ 或 $R_L = \infty$ 时，电源输送给负载的功率均为零。而以不同的 R_L 值代入上式可求得不同的 P 值，其中必有一个 R_L 值，能使负载从电源处获得最大的功率。

（2）负载获得最大功率的条件　根据数学求最大值的方法，令负载功率表达式中的 R_L 为自变量，P 为因变量，并使

$$dP/dR_L = 0$$

即可求得最大功率传输的条件

$$\frac{dP}{dR_L} = 0$$

即

$$\frac{dP}{dR_L} = \frac{[(R_0 + R_L)^2 - 2R_L(R_L + R_0)] U^2}{(R_0 + R_L)^4}$$

令

$$(R_L + R_0)^2 - 2R_L(R_L + R_0) = 0$$

解得 $R_L = R_0$。

当满足 $R_L = R_0$ 时，负载从电源获得的最大功率为

$$P_{max} = \left(\frac{U}{R_0 + R_L} \right)^2 R_L = \left(\frac{U}{2R_L} \right)^2 R_L = \frac{U^2}{4R_L}$$

这时，称此电路处于"匹配"工作状态。

（3）匹配电路的特点及应用　在电路处于"匹配"状态时，电源本身要消耗一半的功率。此时电源的效率只有50%。显然，这对电力系统的能量传输过程是绝对不允许的。发电机的内阻是很小的，电路传输的最主要指标是要高效率送电，最好是100%的功率均传送给负载。为此负载电阻应远大于电源的内阻，即不允许运行在匹配状态。而在电子技术领域

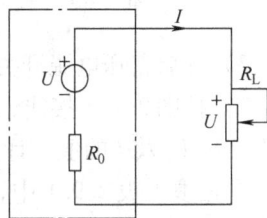

里却不同，如扬声器则希望电路处于工作匹配状态，以使负载能获得最大的输出功率。

4. 实验内容与步骤

1）根据图 2.9.2 所示电源参数设计计算图 2.9.3 所示电路中 U_S 和 R_0。U_S 为直流稳压电源，R_0 取自 HE—11 实验箱上元件，负载 R_L 为 HE—19 电阻箱。

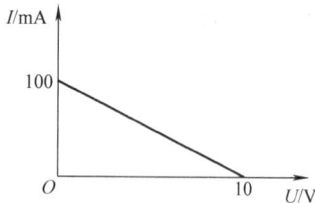

图 2.9.2 电源参数

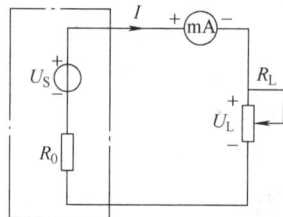

图 2.9.3 最大传输功率测试电路

2）开启稳压电源开关，调节其输出电压调节为设计值，作为 U_S，之后关闭该电源。

3）按图 2.9.3 接线，开启稳压电源开关，改变负载 R_L 阻值，令其在 0～1kΩ 围内变化，分别测出 U_L 及 I 的值。计算稳压电源的输出功率 P_0，R_L 上所消耗的功率 P_L。把测试数据和计算数据填入表 2.9.1 中，用坐标纸分别画出下列各关系曲线：$I \sim R_L$，$U_0 \sim R_L$，$U_L \sim R_L$，$P_0 \sim R_L$，$P_L \sim R_L$。

表 2.9.1 $U_S = 10V$ 时最大传输功率测试数据

R_L/Ω	0	20	60	80	100	200	300	400	500	600	800
U_L/V											
I/mA											
P_0/W											
P_L/W											

4）若图 2.9.2 特性曲线中 $U = 15V$，$I = 50mA$ 时，重复上述步骤，并把数据记录于表 2.9.2 中。

表 2.9.2 $U_S = 15V$ 时最大传输功率测试数据

R_L/Ω	0	100	120	180	200	300	450	500	600	900
U_L/V										
I/mA										
P_0/W										
P_L/W										

5. 预习与思考题

1）实际应用中，电源的内阻是否随负载而变？

2）电力系统进行电能传输时为什么不能工作在匹配工作状态？

3）电源电压的变化对最大功率传输的条件有无影响？

4）说明负载获得最大功率的条件是什么？

2.10 受控源的设计与研究

1. 实验目的

1）加深对受控源的理解。

2）熟悉由运算放大器组成受控源电路的分析方法，了解运算放大器的应用。

3）掌握受控源特性的测量方法。

2. 实验设备

1）0~30V 直流稳压电源。

2）直流数字电流表。

3）直流数字电压表。

4）HE—11、HE—19 实验箱。

3. 实验原理

（1）受控源 受控源向外电路提供的电压或电流是受其他支路的电压或电流控制，因而受控源是二端口元件：一个为控制端口，或称输入端口，输入控制量（电压或电流）；另一个为受控端口或称输出端口，向外电路提供电压或电流。受控端口的电压或电流，受控制端口的电压或电流的控制。根据控制变量与受控变量的不同组合，受控源可分为四类，如图2.10.1 所示。

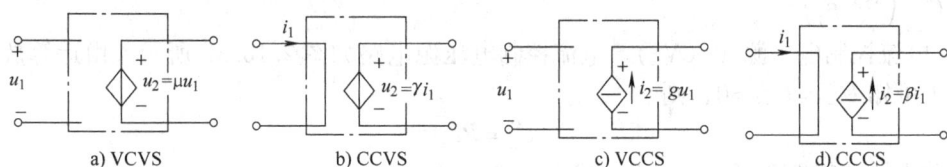

图 2.10.1 受控源类型分析

1）电压控制电压源（VCVS），如图 2.10.1a 所示，其特性为

$$u_2 = \mu u_1$$

式中 μ——转移电压比（即电压放大倍数），$\mu = \dfrac{u_2}{u_1}$。

2）电流控制电压源（CCVS），如图 2.10.1b 所示，其特性为

$$u_2 = r i_1$$

式中 r——转移电阻，$r = \dfrac{u_2}{i_1}$。

3）电压控制电流源（VCCS），如图 2.10.1c 所示，其特性为

$$i_2 = g u_1$$

式中 g——转移电导，$g = \dfrac{i_2}{u_1}$。

4）电流控制电流源（CCCS），如图 2.10.1d 所示，其特性为

$$i_2 = \beta i_1$$

式中 β——转移电流比（即电流放大倍数），$\beta = \dfrac{i_2}{i_1}$。

（2）用运算放大器组成的受控源 运算放大器的电路图形符号如图 2.10.2 所示，具有两个输入端：同相输入端 U_+ 和反相输入端 U_-，一个输出端 U_o，放大倍数为 A，则

$$U_o = A(U_+ - U_-)$$

图 2.10.2 运算放大器图形符号

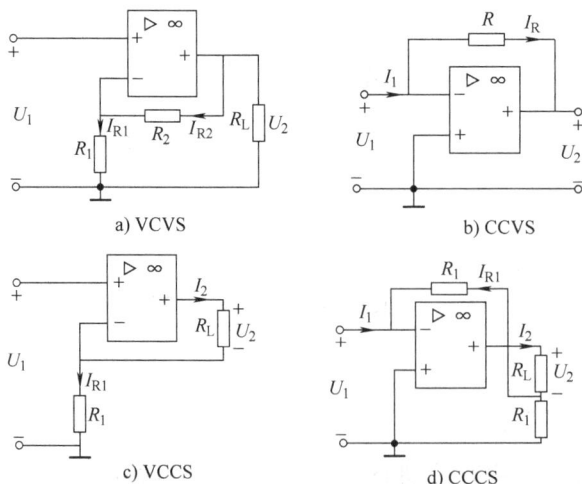

对于理想运算放大器，放大倍数 A 为 ∞，输入电阻为 ∞，输出电阻为 0，由此可得出两个特性：

特性 1：$U_+ = U_-$；

特性 2：$I_+ = I_- = 0$。

1）电压控制电压源（VCVS）。电压控制电压源电路如图 2.10.3a 所示。由运算放大器的特性 1 可知 $U_+ = U_- = U_1$，则

$$I_{R1} = \frac{U_1}{R_1}, \quad I_{R2} = \frac{U_2 - U_1}{R_2}$$

由运算放大器的特性 2 可知 $I_{R1} = I_{R2}$，代入上式，得

$$U_2 = \left(1 + \frac{R_2}{R_1}\right)U_1$$

可见，运算放大器的输出电压 U_2 受输入电压 U_1 控制，其电路模型如图 2.10.3a 所示，转移电压比 $\mu = \left(1 + \dfrac{R_2}{R_1}\right)$。

2）电流控制电压源（CCVS）。电流控制电压源电路如图 2.10.3b 所示。由运算放大器的特性 1 可知 $U_- = U_+ = 0$，则

$$U_2 = RI_R$$

由运算放大器的特性 2 可知 $I_R = I_1$，代入上式，得

$$U_2 = RI_1$$

即输出电压 U_2 受输入电流 I_1 的控制，其电路模型如图 2.10.3b 所示。转移电阻为 $r = \dfrac{U_2}{I_1} = R$。

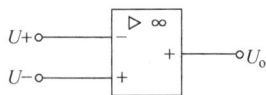

a) VCVS

b) CCVS

c) VCCS

d) CCCS

图 2.10.3 4 类受控源电路

3）电压控制电流源（VCCS）。电压控制电流源电路如图 2.10.3c 所示。由运算放大器的特性 1 可知 $U_+ = U_- = U_1$，则

$$I_R = \frac{U_1}{R_1}$$

由运算放大器的特性 2 可知

$$I_2 = I_R = \frac{U_1}{R_1}$$

即 I_2 只受输入电压 U_1 控制，与负载 R_L 无关（实际上要求 R_L 为有限值）。其电路模型如图 2.10.3c 所示。转移电导为 $g = \dfrac{I_2}{U_1} = \dfrac{1}{R_1}$。

4）电流控制电流源（CCCS）。电流控制电流源电路如图 2.10.3d 所示。由运算放大器的特性 1 可知 $U_- = U_+ = 0$，则

$$I_{R1} = \frac{R_2}{R_1 + R_2} I_2$$

由运算放大器的特性 2 可知 $I_{R1} = -I_1$，代入上式，得

$$I_2 = -\left(1 + \frac{R_1}{R_2}\right) I_1$$

即输出电流 I_2 只受输入电流 I_1 的控制。与负载 R_L 无关。它的电路模型如图 2.10.3d 所示。转移电流比为 $\beta = \dfrac{I_2}{I_1} = -\left(1 + \dfrac{R_1}{R_2}\right)$。

4. 实验内容与步骤

（1）测试电压控制电压源（VCVS）特性　实验电路如图 2.10.3a 所示。图中，U_1 用恒压源的可调电压输出端，$R_1 = R_2 = 10\mathrm{k\Omega}$，$R_L = 2\mathrm{k\Omega}$（用电阻箱）。

1）测试 VCVS 的转移特性 $U_2 = f(U_1)$。调节恒压源输出电压 U_1（以电压表读数为准），用电压表测量输出电压 U_2，将数据记入表 2.10.1 中。

表 2.10.1　VCVS 的转移特性数据

U_1/V	0	1	2	3	4	5	6	7	8
U_2/V									
U_2'/V									

改变电阻 R_1，使其 $R_1 = 20\mathrm{k\Omega}$，按上述方法测量对应的输出电压，用 U_2' 表示，并将数据记入表 2.10.1 中。

2）测试 VCVS 的负载特性 $U_2 = f(R_L)$。保持 $U_1 = 2\mathrm{V}$，负载电阻 R_L 用电阻箱，并调节其大小，用电压表测量对应的输出电压 U_2，将数据记入表 2.10.2 中（$R_1 = R_2 = 10\mathrm{k\Omega}$）。

表 2.10.2　VCVS 的负载特性数据

R_L/Ω	50	70	100	200	300	400	500	1000	2000
U_2/V									

（2）测试电流控制电压源（CCVS）特性　实验电路如图 2.10.3b 所示。图中，I_1 用恒流源，$R_1 = 10\mathrm{k\Omega}$，$R_L = 2\mathrm{k\Omega}$（用电阻箱）。

1）测试 CCVS 的转移特性 $U_2 = f(I_1)$。调节恒流源输出电流 I_1（以电流表读数为准），用电压表测量输出电压 U_2，将数据记入表 2.10.3 中。

表 2.10.3　CCVS 的转移特性数据

I_1/mA	0	0.05	0.1	0.15	0.2	0.25	0.3	0.4
U_2/V								

2）测试 CCVS 的负载特性 $U_2 = f(R_L)$。保持 $I_1 = 0.2\text{mA}$，负载电阻 R_L 用电阻箱，并调节其大小，用电压表测量输出电压 U_2，将数据记入表 2.10.4 中。

表 2.10.4　CCVS 的负载特性数据

R_L/Ω	50	100	150	200	500	1k	2k	10k	80k
U_2/V									

（3）测试电压控制电流源（VCCS）特性　实验电路如图 2.10.3c 所示。图中，U_1 用恒压源的可调电压输出端，$R_1 = 10\text{k}\Omega$，$R_L = 2\text{k}\Omega$（用电阻箱）。

1）测试 VCCS 的转移特性 $I_2 = f(U_1)$。调节恒压源输出电压 U_1（以电压表读数为准），用电流表测量输出电流 I_2，将数据记入表 2.10.5 中。

表 2.10.5　VCCS 的转移特性数据

U_1/V	0	0.5	1	1.5	2	2.5	3	3.5	4
I_2/mA									

2）测试 VCCS 的负载特性 $I_2 = f(R_L)$。保持 $U_1 = 2\text{V}$，负载电阻 R_L 用电阻箱，并调节其大小，用电流表测量输出电流 I_2，将数据记入表 2.10.6 中。

表 2.10.6　VCCS 的负载特性数据

R_L/kΩ	50	20	10	5	3	1	0.5	0.2	0.1
I_2/mA									

（4）测试电流控制电流源（CCCS）特性　实验电路如图 2.10.3d 所示。图中，I_1 用恒流源，$R_1 = R_2 = 10\text{k}\Omega$，$R_L = 2\text{k}\Omega$（用电阻箱）。

1）测试 CCCS 的转移特性 $I_2 = f(I_1)$。调节恒流源输出电流 I_1（以电流表读数为准），用电流表测量输出电流 I_2，I_1、I_2 分别用实验台面上的电流插座测量，将数据记入表 2.10.7 中。

表 2.10.7　CCCS 的转移特性数据

I_1/mA	0	0.05	0.1	0.15	0.2	0.25	0.3	0.4
I_2/mA								

2）测试 CCCS 的负载特性 $I_2 = f(R_L)$。保持 $I_1 = 0.2\text{mA}$，负载电阻 R_L 用电阻箱，并调节其大小，用电流表测量输出电流 I_2，将数据记入表 2.10.8 中。

表 2.10.8　CCCS 的负载特性数据

R_L/Ω	50	100	150	200	500	1k	2k	10k	80k
I_2/mA									

（5）绘图并求出相应参量　根据实验数据，在坐标纸上分别绘出 4 种受控源的转移特性和负载特性曲线，并求出相应的转移参量 μ、g、r 和 β。

5. 预习要求与思考题

1）为什么运算放大器输出端不能与地短路？

2）四种受控源中的转移参量 μ、g、r 和 β 的意义是什么？如何测得？它们受电路中哪些参数的影响？如何改变它们的大小？

3）若受控源控制量的极性反向，试问其输出极性是否发生变化？

2.11　RC 一阶电路的响应测试

1. 实验目的

1）测定 RC 一阶电路的零输入响应、零状态响应及完全响应。

2）学习电路时间常数的测量方法。

3）掌握有关微分电路和积分电路的概念。

4）学会用示波器观测波形。

2. 实验设备

1）脉冲信号发生器。

2）双踪示波器。

3）HE—14 实验箱。

3. 实验原理

1）通常 RC 一阶电路的过渡过程是十分短暂的，单次变化过程用普通示波器观察过渡过程和测量有关的参数显得较为困难，如图 2.11.1 所示。为了使普通示波器能方便地观察和测量，就必须让变化过程能重复出现。为此，可利用重复周期远大于被测电路时间常数 τ 的连续方波作为模拟阶跃激励信号，即利用方波输出的上升沿及维持的高电压作为零状态响应的正阶跃激励信号，利用方波的下降沿及维持的低电压作为零输入响应的负阶跃激励信号，如图 2.11.2 所示，方波信号由信号发生器输出。

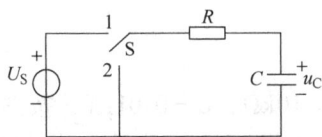

图 2.11.1　单次过渡过程电路

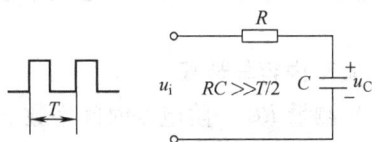

图 2.11.2　连续脉冲过渡过程电路

2）图 2.11.1 或图 2.11.2 所示的 RC 一阶电路的零输入响应和零状态响应分别按指数规律衰减和增长，过渡过程的快慢决定于电路的时间常数 τ。

3）利用示波器可以测量时间常数 τ，测试 τ 硬件连接如图 2.11.3 所示。在测量零输入响应的波形时，根据一阶微分方程的求解得知

$$u_C = U_m e^{-t/RC} = U_m e^{-t/\tau}$$

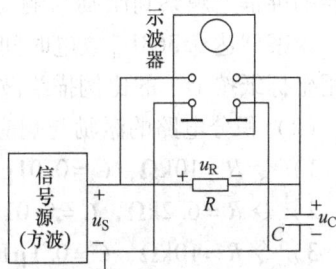

图 2.11.3　测试 τ 的硬件连接

当 $t=\tau$ 时，$U_C(\tau)=0.368U_m$。

此时所对应的时间就等于 τ。也可用零状态响应波形增加到 $0.632U_m$ 所对应的时间测得，如图 2.11.4 所示。

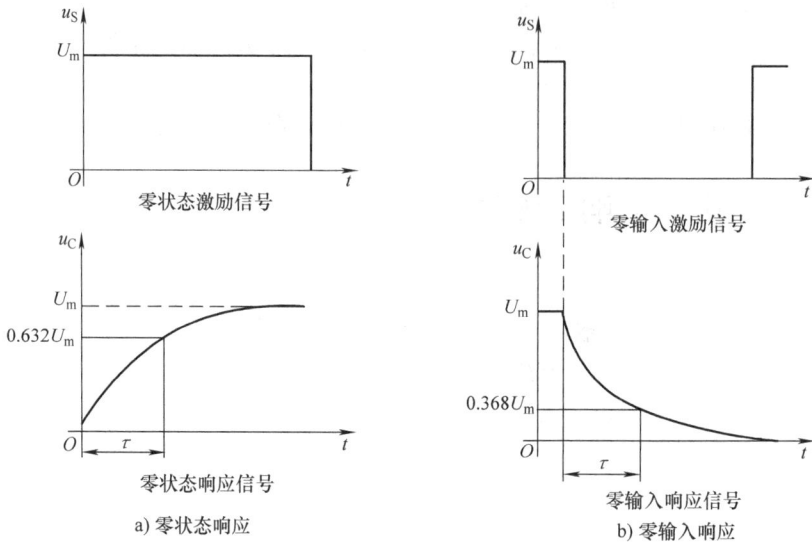

图 2.11.4　激励与响应分析

4）一阶电路如图 2.11.2 所示，由于 $RC \gg T/2$ 是一个典型的积分电路，利用积分电路可以将方波转变成三角波。但在方波序列脉冲的重复激励下，如果满足 $\tau=RC \ll T/2$ 时（T 为方波脉冲的重复周期），且由 R 两端的电压作为响应输出时，则成为一个微分电路，如图 2.11.5 所示。利用微分电路可以将方波转变成尖脉冲。

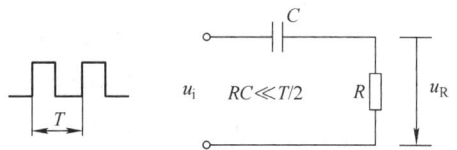

图 2.11.5　微分电路

从输入输出波形来看，上述两个电路均起着波形变换的作用，请在实验过程仔细观察与记录。

4. 实验内容与步骤

（1）测量 RC 一阶电路时间常数 τ　从实验箱上选 $R=10k\Omega$，$C=0.01\mu F$，按图 2.11.3 接线。调节脉冲信号发生器，使其输出 $U_m=3V$、$f=1kHz$ 的方波电压信号，并通过两根同轴电缆线，将激励源 u_i 和响应 u_C 的信号分别连至示波器的两个输入口 Y_A 和 Y_B。这时可在示波器的屏幕上观察到激励与响应的变化规律，请测算出时间常数 τ（零输入时，调节示波器，观察到达 $0.368U_m$ 放电时间即为 τ；或者零状态时观察到达 $0.632U_m$ 充电时间即为 τ），并用坐标纸按 1:1 的比例描绘波形。

（2）积分电路的激励与响应

1）令 $R=10k\Omega$，$C=0.01\mu F$，定性观察并描绘零输入和零状态响应的波形。

2）令 $R=6.2k\Omega$，$C=0.01\mu F$，定性观察并描绘零输入和零状态响应的波形。

3）令 $R=10k\Omega$，$C=0.1\mu F$，定性观察并描绘零输入和零状态响应的波形，继续增大 C 的值，观察对响应的影响。

（3）微分电路的激励与响应

1）令 $C = 0.01\,\mu\mathrm{F}$，$R = 1\mathrm{k}\Omega$，组成如图 2.11.5 所示的微分电路。方波激励信号不变（即 $U_\mathrm{m} = 3\mathrm{V}$，$f = 1\mathrm{kHz}$），定性观测并描绘激励与响应的波形。

2）增减 R 之值，定性地观察对响应的影响，并作记录。当 R 增至 $10\mathrm{k}\Omega$ 时，输入输出波形有何本质上的区别？

5. 预习要求与思考题

1）实验前，需熟读附录中双踪示波器、信号源的使用说明书。

2）为什么信号源的接地端与示波器的接地端要连在一起（称共地）？

3）示波器的辉度调得过亮，或光点长期停留在荧光屏上不动时，对示波管将产生什么影响。

4）什么样的电信号可作为 RC 一阶电路零输入响应、零状态响应和完全响应的激励信号？

5）何谓积分电路和微分电路，它们必须具备什么条件？它们在方波序列脉冲的激励下，其输出信号波形的变化规律如何？这两种电路有何功用？

2.12　二阶动态电路响应的研究

1. 实验目的

1）研究 RLC 二阶电路的零输入响应、零状态响应的规律和特点，了解电路参数对响应的影响。

2）学习二阶电路衰减系数、振荡频率的测量方法，了解电路参数对它们的影响。

3）观察、分析二阶电路响应的三种变化曲线及其特点，加深对二阶电路响应的认识与理解。

2. 实验设备

1）脉冲信号发生器。

2）双踪示波器。

3）HE—14 实验箱。

3. 实验原理

（1）零状态响应　在图 2.12.1 所示 RLC 电路中，$u_\mathrm{C}(0) = 0$，在 $t = 0$ 时开关 S 闭合，电压方程为

$$LC\frac{\mathrm{d}^2 u_\mathrm{C}}{\mathrm{d}t} + RC\frac{\mathrm{d}u_\mathrm{C}}{\mathrm{d}t} + u_\mathrm{C} = U$$

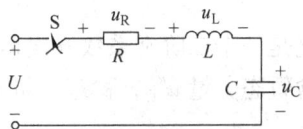

图 2.12.1　二阶电路

这是一个二阶常系数非齐次微分方程，该电路称为二阶电路，电源电压 U 为激励信号，电容两端电压 u_C 为响应信号。根据微分方程理论，u_C 包含两个分量：暂态分量 u''_C 和稳态分量 u'_C，即

$$u_\mathrm{C} = u''_\mathrm{C} + u'_\mathrm{C}$$

具体解与电路参数 R、L、C 有关。

当满足 $R < 2\sqrt{\dfrac{L}{C}}$ 时，有

$$u_C(t) = u''_C + u'_C = Ae^{-\delta t}\sin(\omega t + \varphi) + U$$

其中，衰减系数
$$\delta = \frac{R}{2L}$$

衰减时间常数
$$\tau = \frac{1}{\delta} = \frac{2L}{R}$$

振荡频率
$$\omega = \sqrt{\frac{1}{LC} - \left(\frac{R}{2L}\right)^2}$$

振荡周期
$$T = \frac{1}{f} = \frac{2\pi}{\omega}$$

变化曲线如图 2.12.2a 所示，u_C 的变化处在衰减振荡状态，由于电阻 R 比较小，又称为欠阻尼状态。当满足 $R > 2\sqrt{\dfrac{L}{C}}$ 时，u_C 的变化处在过阻尼状态，由于电阻 R 比较大，电路中的能量被电阻很快消耗掉，u_C 无法振荡，变化曲线如图 2.12.2b 所示。

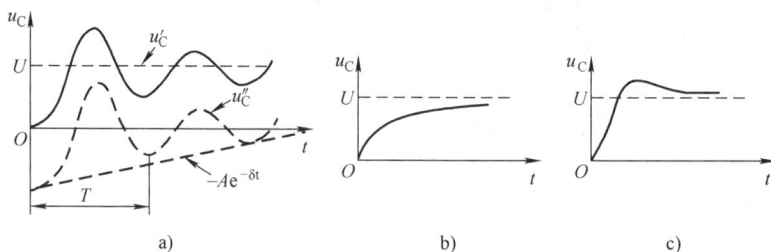

图 2.12.2 二阶电路三种响应曲线

当满足 $R = 2\sqrt{\dfrac{L}{C}}$ 时，u_C 的变化处在临界阻尼状态，变化曲线如图 2.12.2c 所示。

（2）零输入响应　在图 2.12.3 所示电路中，开关 S 与 "1" 端闭合，电路处于稳定状态，$u_C(0) = U$，在 $t = 0$ 时开关 S 与 "2" 闭合，输入激励为零，电压方程为

$$LC\frac{\mathrm{d}^2 u_C}{\mathrm{d}t} + RC\frac{\mathrm{d}u_C}{\mathrm{d}t} + u_C = 0$$

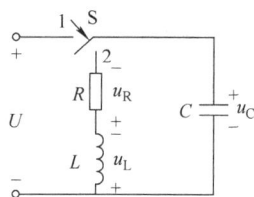

图 2.12.3 二阶单次激励

这是一个二阶常系数齐次微分方程，根据微分方程理论，u_C 只包含暂态分量 u''_C，稳态分量 u'_C 为零。和零状态响应一样，根据 R 与 $2\sqrt{\dfrac{L}{C}}$ 的大小关系，u_C 的变化规律分为衰减振荡（欠阻尼）、过阻尼和临界阻尼三种状态，它们的变化曲线与图 2.12.2 中的暂态分量 u''_C 类似，衰减系数、衰减时间常数、振荡频率与零状态响应完全一样。

4. 实验内容与步骤

实验电路如图 2.12.1 所示。其中，R 用电阻箱，$L = 10 \sim 15\text{mH}$，$C = 0.01\mu\text{F}$，信号源的输出为最大值 $U_m = 2\text{V}$，频率 $f = 1\text{kHz}$ 的方波脉冲通过插头接至实验电路的激励端，同时用同轴电缆将激励端和响应输出端接至双踪示波器的 Y_A 和 Y_B 两个输入口。而后调节电阻箱的 R，观察二阶电路的零输入响应和零状态响应由过阻尼过渡到临界阻尼，最后过渡到欠阻尼

的变化过渡过程，分别定性地描绘响应的典型变化波形。

1）调节 R（电阻箱）观察电路在临界阻尼状态下的过渡过程，参见图 2.12.2c，定性地描绘激励与响应波形，同时记录电路在临界阻尼状态时的电阻值 R_1。

2）调节 R（电阻箱）使示波器荧光屏上呈现稳定的欠阻尼响应波形，参见图 2.12.2a，当振荡衰减的波形为 4 周期时，定性地描绘响应波形，记录此时欠阻尼状态的电阻值 R_2。

用示波器测出振荡周期 T，计算出振荡频率 ω，按照衰减轨迹曲线，测量 $-0.367A$ 对应的时间 τ，计算出衰减系数 δ。

3）将 R（电阻箱）调至 $10\text{k}\Omega$，定性地描绘响应波形，参见图 2.12.2b。记录此时阻尼状态的电阻值 R_3 为 $10\text{k}\Omega$。

将电路接成图 2.12.4 所示，把 R 作 R_1、R_2、R_3 依次改变，定性地描绘 u_R 响应波形。

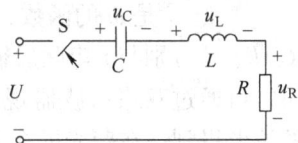

5. 预习要求与思考题

图 2.12.4　二阶电路测试电流波形

1）什么是二阶电路的零状态响应和零输入响应？它们的变化规律和哪些因素有关？

2）根据二阶电路实验电路元件的参数，计算出处于临界阻尼状态的 R 的值。

2.13　R、L、C 元件阻抗特性的测定

1. 实验目的

1）学会 R、L、C 元件的阻抗频率特性测试方法。

2）理解正弦交流电路中含电容、电感储能元件的分析方法、相位关系。

3）学习使用信号源、频率计和交流毫伏表。

2. 实验设备

1）信号发生器（含频率计）。

2）双踪示波器。

3）交流数字毫伏表。

4）HE—14 实验箱。

3. 实验原理

（1）单个元件阻抗与频率的关系

1）对于电阻元件，根据 $\dfrac{\dot{U}_R}{\dot{I}_R}=R\underline{/0°}$，其中 $\dfrac{U_R}{I_R}=R$，电阻 R 与频率无关。

2）对于电感元件，根据 $\dfrac{\dot{U}_L}{\dot{I}_L}=jX_L$，其中 $\dfrac{U_L}{I_L}=X_L=2\pi fL$，感抗 X_L 与频率成正比。

3）对于电容元件，根据 $\dfrac{\dot{U}_C}{\dot{I}_C}=-jX_C$，其中 $\dfrac{U_C}{I_C}=X_C=\dfrac{1}{2\pi fC}$，容抗 X_C 与频率成反比。

（2）测量元件阻抗频率特性　电路如图 2.13.1 所示。图中，r 是提供测量回路电流用的标准电阻，流过被测元件的电流（I_R、I_L、I_C）则可由 r 两端的电压 U_r 除以 r 阻值所得，根据上述三个公式，用被测元件的电流除对应的元件电压，便可得到 R、X_L 和 X_C 的数值。

若电路的激励信号为 $E(j\omega)$，响应信号为 $R(j\omega)$，则频率特性函数为

$$N(j\omega) = \frac{R_e(j\omega)}{E_x(j\omega)} = A(\omega)\underline{/\varphi(\omega)}$$

式中　$A(\omega)$——响应信号与激励信号的大小之比，是 ω 的函数，称为幅频特性；

　　　$\varphi(\omega)$——响应信号与激励信号的相位差角，也是 ω 的函数，称为相频特性。

R、L、C 分别与 r 串联后输入电压与电流之间的相位关系，可通过双踪示波器观察输入电压波形和流过电阻 r 电流的波形得到。在荧光屏上会看到：$R-r$ 电路中电压 u 与电流 i_R 相位差 $\varphi = 0$，$L-r$ 电路中相位关系是电流 i_L 滞后电压 u，$C-r$ 电路中相位关系是电流 i_C 超前电压 u，如图 2.13.2 所示。

图 2.13.1　元件阻抗频率特性测试电路

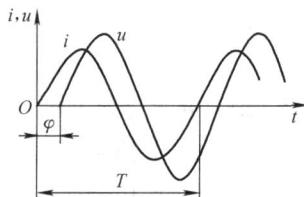

图 2.13.2　相位关系波形

4. 实验内容与步骤

（1）测量 R、L、C 元件的阻抗频率特性

1）实验电路如图 2.13.1 所示。图中，$r = 200\Omega$，$R = 1k\Omega$，$L = 15mH$，$C = 0.01\mu F$。选择信号源正弦波输出作为输入电压 u，调节信号源输出电压幅值，并用交流毫伏表测量，使输入电压 u 的有效值 $U = 2V$，并保持不变。

2）用导线分别接通 R、L、C 三个元件，调节信号源的输出频率，从 $1kHz$ 逐渐增至 $20kHz$（用频率计测量），用交流毫伏表分别测量 U_R、U_L、U_C 和 U_r，将实验数据记入表 2.13.1 中。并通过计算得到各频率点的 R、X_L 和 X_C，绘制阻抗频率特性 $R \sim f$，$X_L \sim f$，$X_C \sim f$ 曲线。

表 2.13.1　R、L、C 元件的阻抗频率特性实验数据

频率 f/kHz		1	2	5	10	15	20
$R/k\Omega$	U_r/V						
	$I_R/mA = U_r/r$						
	U_R/V						
	$R = U_R/I_R$						
$X_L/k\Omega$	U_r/V						
	$I_L/mA = U_r/r$						
	U_L/V						
	$X_L = U_L/I_L$						
$X_C/k\Omega$	U_r/V						
	$I_C/mA = U_r/r$						
	U_C/V						
	$X_C = U_C/I_C$						

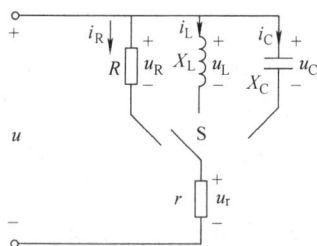

（2）不同电路元件的阻抗角测定　电路如图 2.13.1 不变，信号源正弦波输出电压有效

值 $U=2V$，输出频率 $f=5kHz$，电路依次接成 $R-r$、$L-r$ 和 $C-r$ 串联，用双踪示波器 "Y 轴输入" CH1 观察输入电压波形，CH2 观察电阻 r 两端电压波形（即电流波形）。通常把输入电压波形周期在荧光屏的水平方向调成整数大格（5 小格/大格），比如，波形一周期占 4 大格，则每一大格是 $90°$，每一小格是 $18°$，而电阻 r 两端电压波形（即电流波形）超前或滞后小格数，便读出其相位差 φ。数字双踪示波器还可采用 "光标法" 测量相位差 φ。

5. 预习要求与思考题

1）实验前熟读交流毫伏表的使用说明。

2）如何用交流毫伏表测量电阻 R、感抗 X_L 和容抗 X_C？它们的大小和频率有何关系？

2.14 *RLC* 串联谐振电路的研究

1. 实验目的

1）掌握 *RLC* 串联电路幅频特性的测试方法。

2）加深理解电路发生谐振时的特性。

3）学习电路品质因数 Q 的测定方法及影响因素。

2. 实验设备

1）函数信号源发生器。

2）$0 \sim 300V$ 交流毫伏表。

3）双踪示波器。

4）HE—15 实验箱（含 $R=200\Omega$，$1k\Omega$，$C=0.01\mu F$，$0.1\mu F$，$L=30mH$）。

3. 实验原理

1）在图 2.14.1 所示的 *RLC* 串联电路中，u_i 为正弦交流激励信号，电阻 R 上的电压 u_o 作为响应信号，当输入电压 u_i 的幅值维持不变，只改变频率 f 时，电路中的感抗、容抗随之而变，电路中的电流和 u_o 也随 f 而变。如果以 f 为横坐标，以 u_o/u_i 为纵坐标（因 u_i 不变，故也可直接以 u_o 为纵坐标），绘出光滑的曲线，此即幅频特性曲线，也称谐振曲线，如图 2.14.2 所示。

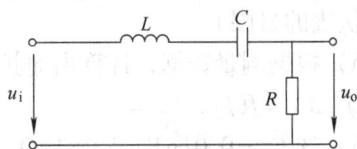

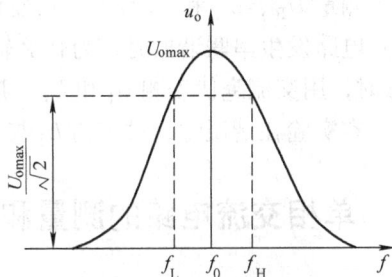

图 2.14.1 测试 *RLC* 串联谐振特性电路

2）在 $f=f_0=\dfrac{1}{2\pi\sqrt{LC}}$ 处，即幅频特性曲线尖峰所在的频率点称为谐振频率。此时 $X_L=X_C$，电路呈纯阻性，电路阻抗的模为最小。在输入电压 u_i 为定值时，电路中的电流达到最大值，且与输入电压 u_i 同相位。从理论上讲，此时 $u_i=u_R=u_o$，$u_L=u_C=Qu_i$，式中的 Q 称为电路的品质因数。

3）u_C 与 u_L 分别为谐振时电容器 C 和电感线圈 L 上的电压，可根据公式 $Q=\dfrac{u_C}{u_i}=\dfrac{u_L}{u_i}$ 测定电路品质因数 Q 值，也可根据通过测量谐振曲线

图 2.14.2 幅频特性曲线

的通频带宽度 $\Delta f = f_H - f_L$，由 $Q = \dfrac{f_0}{f_H - f_L}$ 求出 Q 值。式中 f_0 为谐振频率，f_H 和 f_L 分别是输出电压 U_{omax} 的幅度下降到最大值的 $1/\sqrt{2}$（$=0.707$）时的上、下频率点。

Q 值越大，曲线越尖锐，通频带越窄，电路的选择性越好。在恒压源供电时，电路的品质因数、选择性与通频带只决定于电路本身的参数，而与信号源无关。

4. 实验内容与步骤

1）利用 HE—15 实验箱上的"RLC 串联谐振电路"，按图 2.14.1 组成测量电路。选 $C_1 = 0.01\mu F$。用双通道交流毫伏表测输出电压 U_R，并监视信号 $U_i = 2V$（有效值）保持不变。

2）先找出电路的谐振频率 f_0，其方法是，将毫伏表接在 R（200Ω）两端，令信号源的频率由小逐渐变大，当 U_o 的读数不再增大时，调节信号源的输出电压为 $U_i = 2V$（有效值），此时电路获得最大输出电压 U_{omax}，读得信号源上频率值即为电路的谐振频率 f_0。

3）在谐振点两侧，调节信号源频率，按 U_{omax} 的 0.9、0.707、0.5、0.3、0.1 倍输出电压值，逐点读出对应的频率，记入数据于表 2.14.1 中。

表 2.14.1 RLC 串联谐振特性试验数据

f/kHz										
U_o/V										
U_L/V										
U_C/V										

4）由上述测得的 $U_o = f(f)$，依次各频率点测量 U_C 与 U_L 之值（注意："共地"、及时更换毫伏表的量限）。

5）根据测量数据，计算出通频带与 Q 值，绘出不同 Q 值时三条幅频特性曲线，即 $U_o = f(f)$，$U_L = f(f)$，$U_C = f(f)$。

6）选 $C_1 = 0.01\mu F$，$R_2 = 1k\Omega$，重复步骤 2）、3）、4）的测量过程，表格同上（自拟）。

5. 预习要求与思考题

1）计算电路的固有频率。

2）电路发生谐振时有哪些特点？电路中 R 的数值是否影响谐振频率值？

3）测量 U_R、U_C 和 U_L 数值，仪器仪表该怎样连接更合理。

4）电路发生串联谐振时，为什么输入电压不能太大，如果信号源给出 3V 的电压，电路谐振时，用交流毫伏表测 U_L 和 U_C，应该选择用多大的量限？

5）本实验在谐振时，对应的 U_L 与 U_C 是否相等？如有差异，原因何在？

2.15 单相交流电路的测量和功率因数的提高

1. 实验目的

1）研究正弦稳态交流电路中电压、电流相量之间的关系。

2）掌握荧光灯电路的接线。

3）掌握功率表和功率因数表的使用和测量方法。

4）理解改善电路功率因数的意义并掌握其方法。

2. 实验设备

1）0~450V 交流电压表。

2）0~5A 交流电流表。

3）功率表。

4）EEL—52 实验箱。

5）自耦调压器（输出交流可调电压）。

3. 实验原理

在单相正弦交流电路中，用交流电流表测得各支路的电流值，用交流电压表测得回路各元件两端的电压值，它们之间的代数和不满足基尔霍夫定律，即

$$\sum I \neq 0 \qquad \sum U \neq 0$$

本次实验采用荧光灯电路，如图 2.15.1 所示，荧光灯为电阻元件 R、镇流器采用漆包线绕制的电感线圈，由于镇流器线圈的金属导线具有一定电阻 r，因而，镇流器可以由电感 L 和电阻 r 相串联来表示。

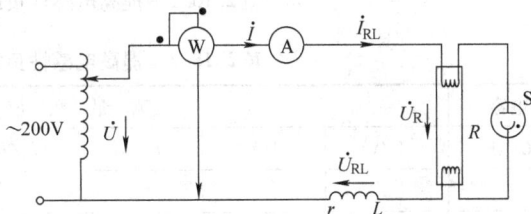

图 2.15.1 交流电路参数测试实验电路

单相正弦交流电路中各个元件的参数值，可以用交流电压表、交流电流表及功率表，分别测量出元件两端的电压 U、流过该元件的电流 I 和它所消耗的功率 P，然后通过计算得到所求的各值，这种方法称为三表法。

由荧光灯管、镇流器、辉光启动器所构成的荧光灯电路，功率因数一般在 50% 左右，总无功功率 Q 较高，电能利用效率低下，但是如果在电路中并联一个容量适中的电容，将使负载的总无功功率 $Q = Q_L - Q_C$ 减小，在传送的有功率功率 P 不变时，使得功率因数提高，线路电流减小。当并联电容器的 $Q_C = Q_L$ 时，总无功功率 $Q = 0$，此时功率因数 $\cos\varphi = 1$，线路电流 I 最小。若继续并联电容器，将导致功率因数下降，线路电流增大，这种现象称为过补偿。

负载功率因数可以用三表法测量电源电压 U、负载电流 I 和功率 P，用公式 $\lambda = \cos\varphi = \dfrac{P}{UI}$ 计算。

4. 实验内容与步骤

（1）用三表法测量交流电路参数　实验电路如图 2.15.1 所示，经指导教师检查后，接通实验台电源，调节自耦调压器，使单相电压输出（即 U）调至 220V，测量荧光灯管两端电压 U_R、镇流器电压 U_{RL} 和总电压 U 以及电流和功率，将测量结果填入表 2.15.1，验证电压、电流相量关系，并计算有关参数。

表 2.15.1 交流电路参数实验数据

被测量						计算参数				
U/V	U_{RL}/V	U_R/V	I/A	P/W	P_R/W	r/Ω	L/H	R/Ω	$\cos\varphi$	φ

（2）提高电感性负载电路的功率因数　并联电容，如图 2.15.2 所示，保持电源电压

$U = 220\text{V}$，接通电容器 C 并改变其容量，测量电源电压 U、负载电压 U_R、线路电流 I、电容电流 I_C、负载电流 I_{RL} 和功率 P（注意观察它们的变化情况，并寻找最佳补偿点），记入表 2.15.2 中，并绘制 $C—f(I)$、$C—f(I_C)$ 曲线。

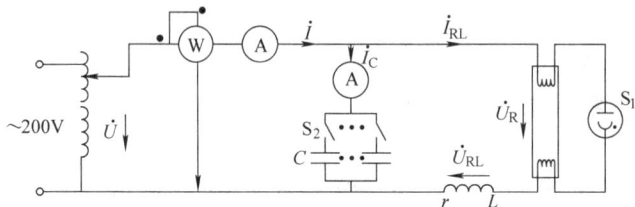

图 2.15.2　提高电感性负载功率因数实验电路

表 2.15.2　提高电感性负载功率因数实验数据

电容	测　量　数　值						计　算　值	
$C/\mu\text{F}$	U/V	I/A	I_L/A	I_C/A	P/W	$\cos\varphi$	I'/A	$\cos\varphi$
0								
1								
2.2								
3.2								
4.7								
5.7								
6.9								

5. 预习要求与思考题

1) 参阅课外资料，了解荧光灯的启辉原理。

2) 为了提高电路的功率因数，常在感性负载上并联电容器，此时增加了一条电流支路，试问电路的总电流是增大还是减小，此时感性元件上的电流和功率是否改变？

提高功率因数为什么只采用并联电容器法而不用串联法？所并的电容器是否越大越好？

6. 实验注意事项

1) 本实验用交流 220V 市电，应穿绝缘鞋进实验室。实验时要注意人身安全，不可触及导电部件，防止意外事故发生。

2) 实验结束后必须将调压器回零。

2.16　三相交流电路电压、电流的测量

1. 实验目的

1) 掌握三相负载作星形联结、三角形联结的方法。

2) 充分理解三相四线供电系统中性线的作用。

3) 验证三相负载两种联结下的线电压、相电压及线电流、相电流之间的关系。

2. 实验设备

1) 0～450V 交流电压表。

2）0~5A 交流电流表。

3）功率表。

4）三相自耦调压器（输出交流可调电压）。

5）HE—17 实验箱。

3. 实验原理

电源用三相四线制向负载供电，三相负载可接成星形联结或三角形联结。

当三相对称负载作星形联结时，流过中性线的电流 $I_N = 0$，有时负载可不接中性线，负载中性线电压 U_l 是相电压 U_p 的 $\sqrt{3}$ 倍，线电流 I_l 等于相电流 I_p，即 $U_l = \sqrt{3} U_p$，$I_l = I_p$。

作三角形联结时，线电压 U_l 等于相电压 U_p，线电流 I_l 是相电流 I_p 的 $\sqrt{3}$ 倍，即 $I_l = \sqrt{3} I_p$，$U_l = U_p$。

不对称三相负载作星形联结时，必须采用中性线，中性线必须牢固连接，以保证三相不对称负载的每相电压等于电源的相电压（三相对称电压）。若中性线断开，会导致三相负载电压的不对称，致使负载轻的那一相的相电压过高，使负载遭受损坏，负载重的一相相电压又过低，使负载不能正常工作；对于不对称负载作三角形联结时，$I_l \neq \sqrt{3} I_p$，但只要电源的线电压 U_p 对称，加在三相负载上的相电压仍是对称的，对各相负载工作没有影响。

本实验中，三相交流电源用三相调压器调压输出，三相负载用三组白炽灯，线电流、相电流、中性线电流的测量用电流插头和插座测量。

4. 实验内容与步骤

（1）三相负载星形联结　按图 2.16.1 所示电路接线。将三相调压器的旋柄置于输出为 0V 的位置（即逆时针旋到底），把三相灯组负载经三相自耦调压器接通三相对称电源。经指导教师检查合格后，方可开启实验台电源。然后，调节调压器的输出，使输出的三相线电压为 220V，并

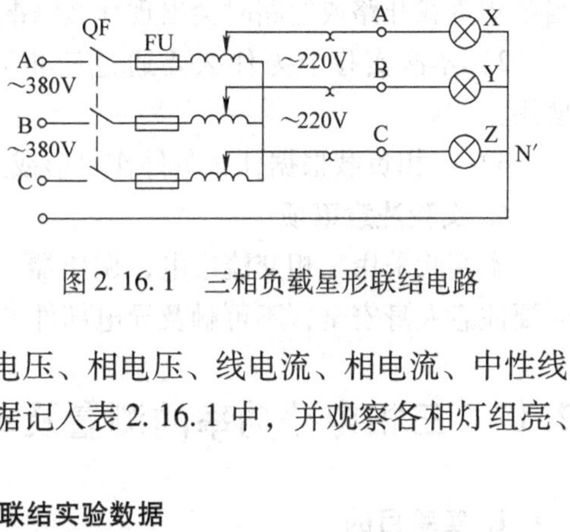

图 2.16.1　三相负载星形联结电路

按下述内容完成各项实验：分别测量三相负载的线电压、相电压、线电流、相电流、中性线电流、电源与负载中性点间的电压，将所测得的数据记入表 2.16.1 中，并观察各相灯组亮、暗的变化程度，特别要注意观察中性线的作用。

表 2.16.1　三相负载星形联结实验数据

测量数据 实验内容 （负载情况）	线电流/A			线电压/V			相电压/V			中性线电流 I_N/A	中性点电压 $U_{NN'}$/V
	I_A	I_B	I_C	U_{AB}	U_{BC}	U_{CA}	$U_{AN'}$	$U_{BN'}$	$U_{CN'}$		
星形联结（有中性线）平衡负载											
星形联结（无中性线）平衡负载											
星形联结（有中性线）不平衡负载											
星形联结（无中性线）不平衡负载											
星形联结（有中性线）B 相断开											
星形联结（无中性线）B 相断开											
星形联结（无中性线）B 相短路											

（2）负载三角形联结　按图2.16.2改接电路，经指导教师检查合格后接通三相电源，并调节调压器，使其输出线电压为220V，并按表2.16.2的内容进行测试。

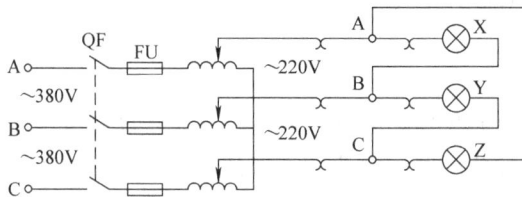

图2.16.2　三相负载三角形联结电路

表2.16.2　三相负载三角形联结实验数据

测量数据 负载情况	线电压 = 相电压/V			线电流/A			相电流/A		
	U_{AB}	U_{BC}	U_{CA}	I_A	I_B	I_C	I_{AB}	I_{BC}	I_{CA}
三相平衡									
三相不平衡									

5. 预习要求与思考题

1）复习三相交流电路有关内容，试分析三相星形联结不对称负载在无中性线情况下，当某相负载开路或短路时会出现什么情况？如果接上中性线，情况又如何？

2）本次实验中为什么要通过三相调压器将380V的市电线电压降为220V的线电压使用？

3）三相负载根据什么条件作星形或三角形联结？

6. 实验注意事项

本实验采用三相交流市电，调压器一次侧线电压为380V，应穿绝缘鞋进实验室。实验时要注意人身安全，不可触及导电部件，防止意外事故发生。

2.17　三相电路功率的测量及单相电路负载性质对功率因数的影响

1. 实验目的

1）掌握用一瓦特表法、二瓦特表法和三瓦特表法测量三相电路有功功率的方法。

2）进一步熟练掌握功率表的接线和使用方法。

3）掌握三相交流电路相序的测量方法。

4）了解单相负载性质对功率因数的影响。

2. 实验设备

1）0～450V交流电压表。

2）0～5A交流电流表。

3）三相自耦调压器。

4）HE—17实验箱（含220V、15W白炽灯）。

5）HE—20实验箱（含2.2μF、4.7μF/500V电容器）。

3. 实验原理

1）对于三相四线制供电的三相星形联结的负载（有中性线），若电源电压、负载分别完全对称，可用一只功率表测量某相负载的有功功率 P_1，三相功率之和（$\Sigma P = 3P_1$）即为三相负载的总有功功率，这就是一瓦特表法，如图 2.17.1 所示。但只要电源电压、负载两者之一不完全对称，这时用一只功率表测量各相的有功功率 P_A、P_B、P_C，则三相功率之和（$\Sigma P = P_A + P_B + P_C$）即为三相负载的总有功功率值，这就是三瓦特表法。

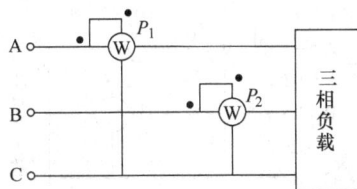

图 2.17.1 "一瓦特表法"、"三瓦特表法"测试电路

2）三相三线制供电系统中，不论三相负载是否对称，也不论负载是星形联结还是三角形联结，都可用二瓦特表法测量三相负载的总有功功率。测量电路如图 2.17.2 所示。若负载为感性或容性，且当相位差 $\varphi > 60°$ 时，电路中的一只功率表指针将反偏（数字式功率表将出现负读数），这时应将功率表电流线圈的两个端子调换（不能调换电压线圈端子），其读数应记为负值，而三相总功率 $\Sigma P = P_1 + P_2$（P_1、P_2 本身不含任何意义）。

3）图 2.17.3 所示为相序判定电路，用以测定三相电源的相序 A、B、C。它是由一个电容器和两个电灯连接成的星形不对称三相负载电路。如果电容器所接的是 A 相，则灯光较亮的是 B 相，较暗的是 C 相。相序是相对的，任何一相均可作为 A 相。但 A 相确定后，B 相和 C 相也就确定了。

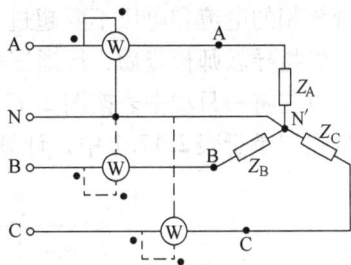

图 2.17.2 "二瓦特表法"测试电路

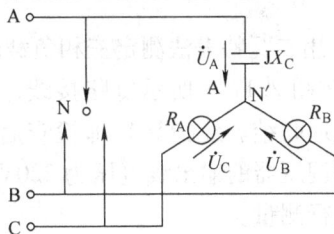

图 2.17.3 三相电源相序判定电路

为了分析问题简单起见，设

$$X_C = R_B = R_C = R, \qquad \dot{U}_A = U_p \angle 0°$$

则

$$\dot{U}_{N'N} = \frac{U_p\left(\dfrac{1}{-jR}\right) + U_p\left(-\dfrac{1}{2} - j\dfrac{\sqrt{3}}{2}\right)\left(\dfrac{1}{R}\right) + U_p\left(-\dfrac{1}{2} + j\dfrac{\sqrt{3}}{2}\right)\left(\dfrac{1}{R}\right)}{-\dfrac{1}{jR} + \dfrac{1}{R} + \dfrac{1}{R}}$$

$$\dot{U}'_B = \dot{U}_B - \dot{U}_{N'N} = U_p\left(-\frac{1}{2} - j\frac{\sqrt{3}}{2}\right) - U_p(-0.2 + j0.6)$$

$$= U_p(-0.3 - j1.466) = 1.49 \angle -101.6° U_p$$

$$\dot{U}'_C = \dot{U}_C - \dot{U}_{N'N} = U_p\left(-\frac{1}{2} + j\frac{\sqrt{3}}{2}\right) - U_p(-0.2 + j0.6)$$

$$= U_p(-0.3 + j0.266) = 0.4 \angle -138.4° U_p$$

由于 $\dot{U}'_B > \dot{U}'_C$，故 B 相灯光较亮。

4. 实验内容与步骤

（1）用一瓦特表测定三相对称星形联结（有中性线）以及不对称星形联结（有中性线）负载的总功率 ΣP　实验按图 2.17.4 所示电路接线。电路中需接电流表和电压表，用以监视该相的电流和电压不要超过功率表、电压和电流的量程。

经指导教师检查后，接通三相电源，调节调压器输出，使输出线电压为 220V。

首先将一只功率表按图 2.17.4 接入 B 相进行测量，然后分别换接到 A 相和 C 相，将测量数据记录于表 2.17.1 中，计算总有功功率 ΣP。

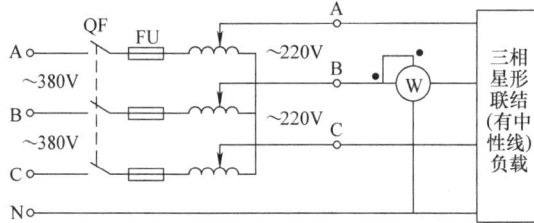

图 2.17.4　一瓦特表测总功率 ΣP

表 2.17.1　三相负载星形联结测试 ΣP 实验数据

负载情况	测量数据			计算值
	P_A/W	P_B/W	P_C/W	$\Sigma P/W$
星形联结（有中性线）对称负载				
星形联结（有中性线）不对称负载				

（2）用二瓦特表法测定三相负载的总功率

1）按图 2.17.5 所示电路接线，将三相灯组负载接成星形联结。经指导教师检查后，接通三相电源，调节调压器的输出线电压为 220V，按表 2.17.2 的内容进行测量。

2）将三相灯组负载改成三角形联结，重复 1）的测量步骤，数据记入 2.17.2 表中。计算总有功功率 ΣP。

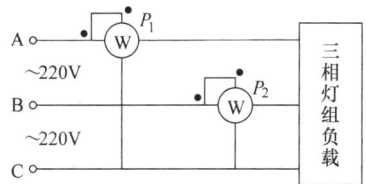

图 2.17.5　二瓦特表法测总功率 ΣP

表 2.17.2　负载三角形联结测试 ΣP 实验数据

负载情况	测量数据		计算值
	P_1/W	P_2/W	$\Sigma P/W$
星形联结平衡负载			
星形联结不平衡负载			
三角形联结不平衡负载			
三角形联结平衡负载			

（3）相序的测定

1）用 220V、15W 白炽灯和 4.7μF/500V 电容器，按图 2.17.3 接线，经三相调压器接入线电压为 220V 的三相交流电源，观察两只灯泡的亮、暗，判断三相交流电源的相序。

2）将电源线任意调换两相后再接入电路，观察两灯的亮、暗状态，判断三相交流电源相序。

（4）单相电路功率和功率因数的测定　关断电源，将调压器调至最小（逆时针调到底），按图 2.17.6 所示电路接线，电源接成单相，按表 2.17.3 要求在 1、2 间接入不同元件，记录功率因数表及其他各电表的读数于表 2.17.3 中，并分析负载性质。

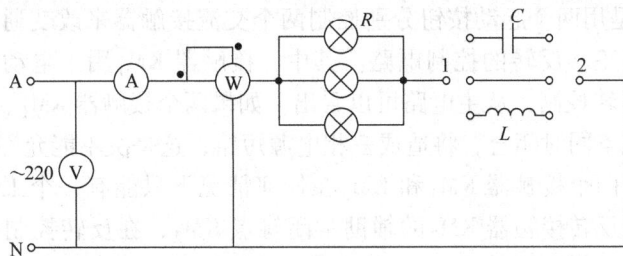

图 2.17.6　单相电路测试负载特性

表 2.17.3　单相电路负载特性实验数据

1、2 间	U/V	U_R/V	U_L/V	U_C/V	I/mA	P/W	$\cos\varphi$	负载性质
短接								
接入 C								
接入 L								
接入 L 和 C								

说明：C 为 4.7μF/500V，L 为荧光灯镇流器。

5. 预习要求与思考题

1）复习一瓦特表法、二瓦特表法测量三相电路有功功率的原理。

2）根据电路理论，分析图 2.17.3 所示检测相序的原理。

3）测量功率时为什么在电路中通常都接有电流表和电压表？

6. 实验注意事项

每个电路测试完毕，均需将三相调压器旋柄调回零位。每次改变接线，均需断开三相电源，以确保人身安全。

2.18　三相异步电动机的正、反转控制

1. 实验目的

1）掌握三相异步电动机正、反转控制电路的工作原理。

2）了解三相异步电动机正、反转控制电路的应用。

3）掌握继电控制接线规则及操作方法。

2. 实验设备

1）三相电源（提供三相四线制 380V、220V 电压）。

2）三相交流异步电动机。

3）EEL—77A、EEL—78A 组件（含接触器、中间继电器、时间继电器、行程开关、按钮等），吸引线圈额定电压均为 220V。

3. 实验原理

根据三相交流异步电动机的原理，将电动机接到三相电源的三根电源线中的任意两根对调，就能改变电动机的运行方向。常用的控制电路可采用倒顺开关以及按钮、交流接触器等电器元件实现。

图 2.18.1 所示是用两个起动按钮分别控制两个交流接触器来改变通入电动机的三相电流相序，实现电动机正、反转的控制电路。其中，接触器 KM_1 用于电动机正转控制，接触器 KM_2 用于电动机反转控制，从主电路可以看出，如果两个接触器 KM_1、KM_2 由于误操作而同时工作，六个主触点同时闭合，将造成三相电源短路，这是决不能允许的。因而，控制电路的设计，必须保证两个接触器 KM_1 和 KM_2 在任何情况下只能有一个工作，为此，在正转控制电路中串入一个反转接触器 KM_2 的辅助常闭触点 KM_2，在反转控制电路中串入一个正转接触器 KM_1 的辅助常闭触点 KM_1。这样，在正转接触器 KM_1 工作时，它的常闭触点 KM_1 断开，将反转控制电路切断；相反，在反转接触器 KM_2 工作时，它的常闭触点 KM_2 断开，将正转控制电路切断。这就保证两个接触器 KM_1 和 KM_2 不会同时工作，这种相互制约的控制称为"互锁"控制，KM_1 和 KM_2 称为互锁触点。

操作时，按正转起动按钮 SB_1，KM_1 线圈通电并自锁，接通正序电源，电动机正转；当要使电动机反转时，必须先按下停车按钮 SB_0，使 KM_1 断电，然后再按反转起动按钮 SB_2，KM_2 线圈通电并自锁，实现电动机的反转。

图 2.18.2 所示的正、反转控制电路是在图 2.18.1 中控制电路的基础上增加了复合式按钮的机械互锁环节。这种电路的优点是：如果要使正转运行的电动机反转，不必先按停车按钮 SB_0，只要直接按下反转起动按钮 SB_2 即可；当然，从反转运行到正转，也是如此。这种电路具有电气和机械的双重互锁，不但提高了控制的可靠性，而且既可实现正转—停止—反转—停止的控制，又可实现正转—反转—停止的控制。

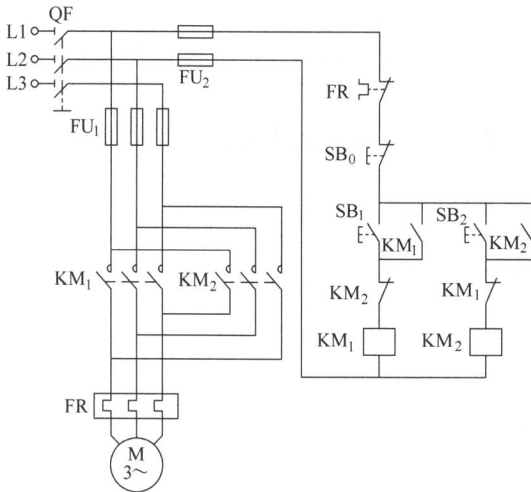

图 2.18.1 具有互锁功能的正、反转电路

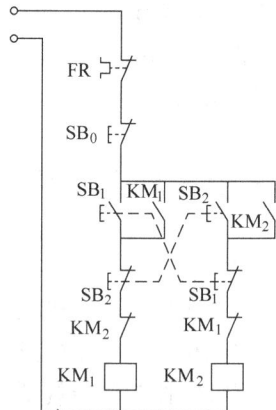

图 2.18.2 具有双重互锁功能的正、
反转控制电路

4. 实验内容与步骤

接线规则：先主后辅，从上到下，从左到右，先串联后并联。

1）按图 2.18.1 接线，检查接线正确后合上主电源。进行电动机正、反转控制操作，观察各交流接触器的动作情况和电动机的转向，体会"互锁"触点的作用。

2）按图 2.18.2 接线，进行电动机正、反转控制操作，并与步骤 1）相比较，体会图 2.18.2 控制电路的优点。

5. 预习要求与思考题

1）分析电动机正、反转控制的工作原理。

2）在图 2.18.1 控制电路中，误将接触器的辅助常开触点作为"互锁"触点串入另一个接触器控制电路中，会出现什么问题？

3）在图 2.18.2 控制电路中，有机械互锁，能否取消电气互锁？

6. 实验注意事项

1）每次接线、拆线或长时间讨论问题时，必须断开三相电源，以免发生触电事故。

2）三相电源线电压调整到 220V。

2.19　三相异步电动机的减压起动控制

1. 实验目的

1）掌握三相异步电机减压起动的方法，并熟悉操作过程。

2）了解各种起动方法的优缺点和适用场合。

2. 实验设备

1）三相电源（提供三相四线制 380V、220V 电压）。

2）三相交流异步电动机。

3）EEL—77A、EEL—78A 组件（含接触器、中间继电器、时间继电器、行程开关、按钮等，吸引线圈额定电压均为 220V）。

4）MEL—03 组件（三相可变电阻）。

3. 实验原理

三相异步电动机直接起动的起动电流为额定电流的 5 ~ 7 倍，因为起动电流大，直接起动只适用于小容量的电动机。当电动机容量在 10kW 以上时，应采用减压起动，以减小起动电流，但同时也减小了起动转矩，故减压起动适用于起动转矩要求不高的场合。减压起动一般有如下几种方法：对于正常运行时定子绕组为三角形联结的电动机可采用丫 – △减压起动；可采用三相自耦变压器减压起动；还可采用定子绕组电路串电阻或电抗器起动等。这些起动方法的实质，都是在电源电压不变的情况下，起动时减小加在电动机定子绕组上的电压以限制起动电流，而在起动后再将电压恢复至额定值，使电动机进入正常运行。

（1）定子串电阻减压起动控制电路　图 2.19.1 所示为电动机定子串电阻减压起动控制电路。图中，KM_1 为接通电源接触器，KM_2 为短接电阻接触器，KT 为起动时间继电器，R 为起动电阻。

电路工作情况：合上电源刀开关 QF，按下起动按钮 SB_2，KM_1 通电并自锁，同时 KT 通电并开始计时，电动机定子串入电阻 R 进行减压起动，经时间继电器 KT 延时，其延时常开触点闭合，KM_2 通电动作，将起动电阻 R 短接，电动机在额定电压下正常运行。KT 的延时长短根据电动机起动过程时间长短来整定。

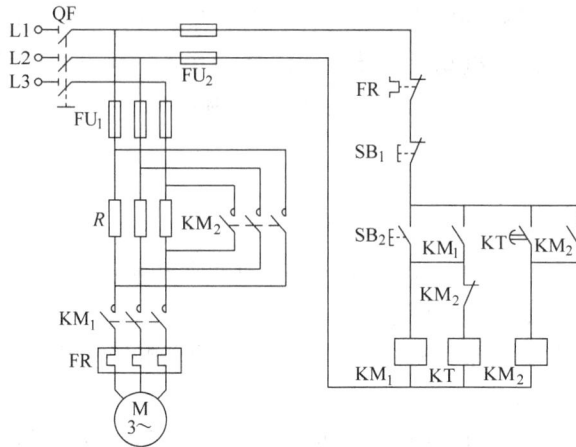

图 2.19.1　电阻减压起动控制电路

（2）丫－△减压起动控制电路。我国三相丫（异步）系列电动机额定电压为380V，功率为4kW以上为三角形联结（△联结），因此，电动机起动时接成星形联结（丫联结），电压降为额定电压的 $\frac{1}{\sqrt{3}}$，起动后再换接成三角形联结。由电工基础知识可知

$$I_{\triangle L} = 3I_{\text{丫L}}$$

式中　$I_{\triangle L}$——电动机三角形联结时线电流；

　　　　$I_{\text{丫L}}$——电动机星形联结时线电流。

则星形联结时起动电流仅为三角形联结时的 $\frac{1}{3}$，相应的起动转矩也是三角形联结时的 $\frac{1}{3}$。因此，丫－△起动仅适用于空载或轻载下的起动。

图 2.19.2 所示为丫－△联结减压起动控制电路。图中，KM 为接通电源接触器，KM丫为星形联结接触器，KM△为三角形联结接触器，KT 为起动时间继电器。

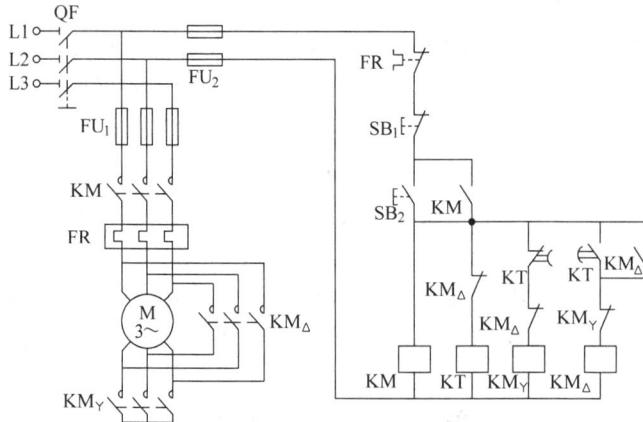

图 2.19.2　丫－△联结减压起动控制电路

电路工作情况：合上电源刀开关 QF，按下起动按钮 SB₂，KM 线圈通电并自锁，KM丫线

圈通电，KM_Y 主触点闭合，电动机接成星形联结，接入三相电源进行减压起动，同时时间继电器 KT 通电并开始计时。经一段时间延时后，KT 的延时常闭触点断开，KM_Y 线圈断电释放，电动机中性点断开，常闭触点复位闭合，同时，KT 的延时常开触点闭合，$KM_\triangle$ 线圈通电并自锁，电动机接成三角形联结运行，$KM_\triangle$ 互锁触头断开 KT 的线圈，KT 的延时常开触点释放，另外，$KM_\triangle$ 和 KM_Y 的常闭触点为互锁触点，防止 KM_Y 和 $KM_\triangle$ 同时带电。至此，电动机 $Y-\triangle$ 减压起动过程结束，电动机投入正常（在额定电压下）运行。停车时，按下 SB_1 即可。

4. 实验内容与步骤

1）定子串电阻减压起动控制电路。按图 2.19.1 电路接线，时间继电器延时时间整定为 10s，起动电动机，观察接触器、时间继电器和电动机的动作情况。

2）$Y-\triangle$ 减压起动控制电路。按图 2.19.2 电路接线，时间继电器延时时间整定为 10s，起动电动机，观察接触器、时间继电器和电动机的动作情况。

5. 预习与思考题

1）电动机为什么要采用减压起动？通常有几种方法？各有什么优缺点？

2）什么情况下采用 $Y-\triangle$ 起动？说明起动性能和应用场合。

3）分析图 2.19.1 和图 2.19.2 控制电路的工作原理，说明时间继电器整定时间如何确定？

6. 实验注意事项

1）每次接线、拆线或长时间讨论问题时，必须断开三相电源，以免发生触电事故。

2）为减小电流，三相电源线电压调整到 220V。

2.20 三相异步电动机的行程自动往返控制

1. 实验目的

1）了解行程开关的结构，掌握它的使用方法。

2）学会典型行程控制电路的连接和操作。

3）掌握设计行程控制电路的一般原理和方法。

2. 实验设备

1）三相电源（提供三相四线制 380V、220V 电压）。

2）三相交流异步电动机。

3）EEL—77A、EEL—78A 组件（含接触器、中间继电器、时间继电器、行程开关、按钮等，吸引线圈额定电压均为 220V）。

3. 实验原理

行程开关（也称限位开关）是一种根据生产机械的行程信号进行动作的电器，其结构比较简单，有一对常开触点和一对常闭触点。行程开关在生产中得到广泛的应用，它被用作某运动部件（如机床工作台）的行程控制、自动换向、往复循环、终端限位保护等。

如图 2.20.1 所示，行程开关安装在固定的基座上，当与装在被它控制的生产机械运动部件上的"档块"相撞时，行程开关的滚轮柄受到档块压迫，便发出触点断或通信号。当档块离开后，有的行程开关自动复位（如压迫式或单轮旋转式），而有的行程开关不能自动复位（如双轮旋转式）。后者需依靠另一方向的二次相碰来复位。图 2.20.1 中用了 4 个行程开关，其中 SQ_1、SQ_2 作为行程控制，控制工作台后退、前进；而 SQ_3、SQ_4 则作为终端限位保护，工作台档块压迫其中之一，控制电路立即切断电源，电动机断电，工作台停止移动，以防止工作台移动超出极限位置而酿成事故。

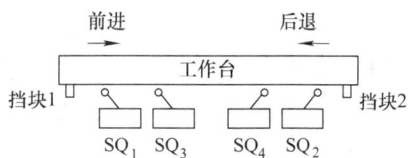

图 2.20.1　电动机带动工作台运行

　　自动往返行程控制电路如图 2.20.2 所示，该电路是在电动机正、反转控制电路的基础上，在交流接触器线圈支路串入行程开关的常闭触点，而常开触点与起动按钮并联。电动机正、反转带动工作台前进、后退，运动部件上的档块 1、2 和行程开关 $SQ_1 \sim SQ_4$ 的安装位置如图 2.20.1 所示，SQ_1 和 SQ_2 是复合式行程开关，具有一个常闭触点和一个常开触点，SQ_1 的常闭触点用来切断正转控制电路，SQ_1 的常开触点用来闭合反转控制电路；相应地，SQ_2 的常闭触点用来切断反转控制电路，SQ_2 的常开触点用来闭合正转控制电路，这样，行程开关在档块 1、2 的碰触压迫下，便可控制电动机正、反转，带动工作台前进、后退自动往返。行程开关 SQ_3 和 SQ_4 仅利用其常闭触点，当档块压迫行程开关 SQ_1 或 SQ_2，而 SQ_1 或 SQ_2 由于故障没有动作时，工作台按原来的方向继续运动，使档块压迫到 SQ_3 或 SQ_4，切断控制电路，并使电动机停转，从而起到终端限位保护的作用。

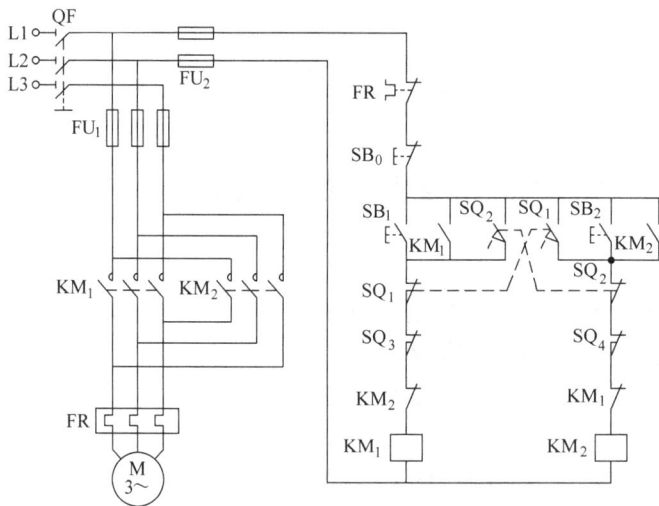

图 2.20.2　自动往返行程控制电路

4. 实验内容与步骤

　　1）行程开关的认识。用螺钉旋具打开行程开关的盖板，拨动滚轮柄，观察常闭触点与常开触点的快速转换，而后盖好盖板并拧紧螺钉。

　　2）行程开关的限位控制。按图 2.20.2 接线（暂不接行程开关常开触点），电动机正转起动，用一个绝缘物体模拟工作台档块去碰触行程开关 SQ_1 或 SQ_3 的滚柄，观察交流接触器和电动机的动作情况。相应的，电动机反转起动，用同样的方法去碰触行程开关 SQ_2 或 SQ_4 的滚柄，观察交流接触器和电动机的动作情况。

3）电动机自动往返控制电路。在上述电路中，连接上行程开关常开触点，先观察工作台的自动往返移动，即在模拟档块1、档块2反复碰触行程开关 SQ_1 或 SQ_2 的滚柄时，电动机做自动正、反转运行。当工作台前进，模拟档块1碰触行程开关 SQ_3 时，观察交流接触器和电动机的动作情况；当工作台后退，模拟档块2碰触行程开关 SQ_4 时，观察交流接触器和电动机的动作情况。

5. 预习要求与思考题

1）掌握行程开关的工作原理和图形符号。

2）了解行程控制的基本原理和方法。

6. 实验注意事项

1）每次接线、拆线或长时间讨论问题时，必须断开三相电源，以免发生触电事故。

2）实验时将三相电源线电压调整到220V。

2.21　PLC 基本指令操作

1. 实验目的

1）熟悉 PLC 编程原理及方法。

2）掌握的使用技巧。

2. 实验设备

1）PLC 教学实验系统。

2）微型计算机。

3）CX - P 教学软件。

3. 实验原理

利用 PLC 教学实验系统、微型计算机、CX - P 教学软件学习 PLC 编程原理及方法。

4. 实验内容及步骤

按要求学生独立编制程序、设计 PLC 外部接线图，观察输入、输出结果。

（1）实验接线说明

INPUT：按钮 S01、S02、S03、S04、S05。

OUTPUT：输出显示的 LED 灯 F_{L1}、F_{L2}、F_{L3} 或电梯组中的 PB01 ~ PB05。

（2）控制要求

1）用与、或、非指令编程模拟数字电路中的与门、或门、非门电路，运行 PLC 程序按相应的开关观察输出变化。

2）微分指令的使用。用一按键的开与关观察对应输出变化。

3）定时器、计数器的使用。编程使 PLC 输出脉冲宽度为2s的方波，按相应的键可对脉冲计数，当计数值为10时送输出继电器输出。

（3）实验记录

1）写出 I/O 分配表、画出已调试通过的程序梯形图并加以注释。

2）仔细观察实验现象，认真记录实验中发现的问题、错误、故障及解决方法。

5. 预习要求与思考题

熟读附录中 CX - P 教学软件的使用方法。

2.22　用 PLC 控制的三相异步电动机的减压起动控制

1. 实验目的

1）熟悉 PLC 编程原理及方法。

2）掌握的使用技巧。

2. 实验设备

1）PLC 教学实验系统。

2）微型计算机。

3）CX – P 教学软件。

3. 实验原理

编制梯形图程序达到电动机减压起动的控制目的。

4. 实验内容与步骤

按要求学生独立编制程序、设计 PLC 外部接线图，观察输入、输出结果。

（1）实验接线说明

INPUT：按钮 S01、S02、S03、S04、S05。

OUTPUT：输出显示的 LED 灯 F_{L1}、F_{L2}、F_{L3} 或电梯组中的 PB01 ~ PB05。

（2）控制要求　用 PLC 实现三相异步电动机减压起动。

（3）实验记录

1）写出 I/O 分配表、画出已调试通过的梯形图程序并加以注释。

2）仔细观察实验现象，认真记录实验中发现的问题、错误、故障及解决方法。

5. 预习要求与思考题

如果输出需要连接电动机的话，还需哪些环节?

第3章 电子技术实验

3.1 常用电子仪器的使用

1. 实验目的

1）学习电子电路实验中常用的电子仪器，包括数字示波器、函数信号发生器、交流毫伏表、数字频率计等的主要技术指标、性能及正确使用方法。

2）初步掌握用数字存储示波器测量直流电压，交流电压的幅度、相位差、频率，脉冲波形的上升沿时间、下降沿时间等参数的方法。

3）掌握函数信号发生器输出波形的幅度、频率、占空比等参数的正确调整方法，正确使用交流毫伏表进行参数测量。

2. 实验设备

1）TDS1002 型数字存储示波器。

2）F20A 型数字合成函数信号发生器/计数器。

3）AS2294D 型交流毫伏表。

4）VC9807 型数字万用表。

3. 实验原理

在模拟电子电路实验中经常使用的电子仪器有数字示波器、函数信号发生器、交流毫伏表及数字频率计等。它们和万用表一起，可以完成对电子技术电路的静态和动态工作情况的测试。

实验中要对各种电子仪器进行综合使用，可按照信号流向放置器材和连线，以连线简捷、调节顺手、观察与读数方便等原则进行合理布局。各仪器与被测电路之间的布局与连接如图 3.1.1 所示。接线时应注意，为防止外界干扰，各仪器的公共接地端应连接在一起，称共地。函数信号发生器的输出和交流毫伏表的引线通常采用屏蔽线或专用电缆线，数字示波器的接线使用专用电缆线，直流电源的接线可采用普通导线。

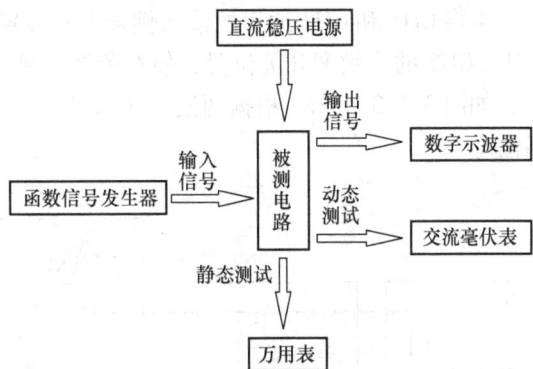

图 3.1.1　电子测量仪器的连接

4. 实验内容与步骤

1）测量数字示波器机内的校准信号。打开数字示波器电源开关，把数字示波器的机内校准信号（方波 $f = 1 \times (1 \pm 2\%)$ kHz，$U_{p-p} = 5 \times (1 \pm 1\%)$）的输出端与示波器的 CH1 或 CH2 通道的输入端相连接，按下数字示波器面板上的自动测试按钮，在数字示波器屏幕上应显示幅度为 5V、周期为 1ms 的方波。通过调节垂直刻度与水平刻度旋钮、垂直位置及水平位置旋钮，使屏幕上显示的方波的幅度尽量占满屏、波形的周期占 1 ~ 2 个周期。通过示波器自动或手动测量校准信号的幅度、频率、上升沿时间和下降沿时间，记入表 3.1.1 中。

表 3.1.1 示波器机内校准信号测试结果

	校准值[①]	示波器实测值
幅度（峰峰值）	5 V	
频率	1kHz	
上升沿时间	≤2μs	
下降沿时间	≤2μs	

① 不同的型号示波器校准值可以有所不同，这里只是给初学者一个格式。请视不同的示波器填入不同的校准值。

2）测量函数信号发生器输出正弦波的电压有效值、周期、频率。令函数信号发生器输出的频率分别为 100Hz、1kHz、10kHz、100kHz，有效值为表 3.1.2 所列值（交流毫伏表测量值）。用示波器测量函数信号发生器的输出电压频率及峰峰值，记入表 3.1.2 中。

表 3.1.2 示波器测量信号电压、频率实验数据

信号电压	示波器实测值		信号电压	示波器实测值	
频率计读数	周期/s	频率/Hz	毫伏表读数/V	电压峰峰值	有效值/V
100Hz	（　）格×（　）/格		1V	（　）格×（　）/格	
1kHz			20mV		
10kHz			10mV		
100kHz			8mV		

3）测量两波形间相位差。按图 3.1.2 所示连接实验电路，将函数信号发生器的输出电压 u_i 调至频率为 1kHz，幅度为 2V 的正弦波，经 RC 移相网络获得频率相同但相位不同的两路信号 u_i 和 u_R，分别加到数字双踪示波器的 CH1 和 CH2 通道的输入端。

先将 CH1 和 CH2 通道的输入耦合方式设置为"⊥"档位，调节 CH1 和 CH2 通道的垂直位置旋钮，使两条扫描基线重合。

再将 CH1 和 CH2 通道的输入耦合方式设置为"AC"档位，调节触发电平、扫速开关及 CH1、CH2 的灵敏度开关位置，使在荧屏上显示出易于观察的两个相位不同的正弦波形 u_i 及 u_R，如图 3.1.3 所示。根据两波形在水平方向的差距 X 及信号的周期 X_T，即可求得两波形相位差

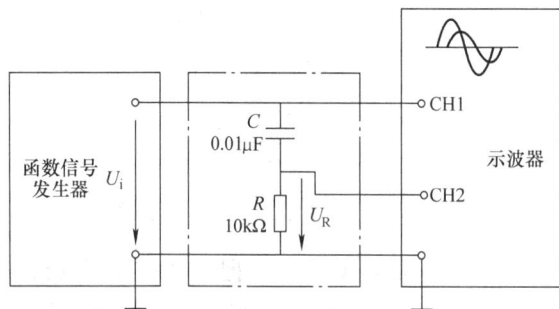

图 3.1.2 两波形间相位差测量电路

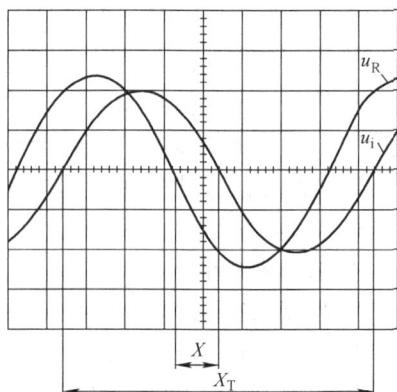

图 3.1.3 双踪示波器显示两相位不同的正弦波

$$\theta = \frac{X(\text{div})}{X_{\text{T}}(\text{div})} \times 360°$$

式中　X_{T}——周期所占格数；

　　　X——两波形在 X 轴方向差距格数。

记录两波形相位差于表 3.1.3 中。

表 3.1.3　两波形相位差

一周期格数	两波形 X 轴差距格数	相　位　差	
		实　测　值	理　论　值
$X_{\text{T}} =$	$X =$	$\theta =$	$\theta =$

5. 预习要求与思考题

1）阅读附录中 F20A 型数字合成函数信号发生器/计数器、TDS1002 型数字存储示波器和 AS2294D 型交流毫伏表的使用说明书的相关内容。

2）用交流毫伏表能否测量 5Hz 以下的正弦信号，在使用时应注意什么？

3.2　晶体管共射极单管放大器

1. 实验目的

1）学会共射放大电路静态工作点的调试方法，分析静态工作点对放大电路性能的影响。

2）掌握放大电路电压放大倍数、输入电阻、输出电阻及最大不失真输出电压的测试方法。

3）进一步熟悉常用电子仪器及电子技术实验台的使用。

2. 实验设备

1）单级晶体管放大电路板。

2）双踪示波器（型号同前，后同）。

3）函数信号发生器。

4）交流毫伏表。

5）数字万用表。

6）电子技术教学实验台。

3. 实验原理

图 3.2.1 所示为分压式偏置共射放大电路，它的偏置电路采用 R_{B1} 和 R_{B2} 组成的分压电路，并在发射极中接有电阻 R_{E} 以稳定放大器的静态工作点。在放大器的输入端加入输入信号 u_{i} 后，在放大器的输出端便可得到一个与 u_{i} 相位相反、幅值被放大了的输出信号 u_{o}，从而实现了电压放大。

（1）静态工作点的估算与调整　将基极偏置电路 U_{CC}、R_{B1} 及 R_{B2} 用戴维南定理等效成电压源，得到直流通路如图 3.2.2 所示。

其开路电压 U_{B} 和内阻 R_{B} 分别为

$$U_{\text{B}} = \frac{R_{\text{B2}}}{R_{\text{B1}} + R_{\text{B2}}} U_{\text{CC}}$$

$$R_{\text{B}} = R_{\text{B1}} // R_{\text{B2}}$$

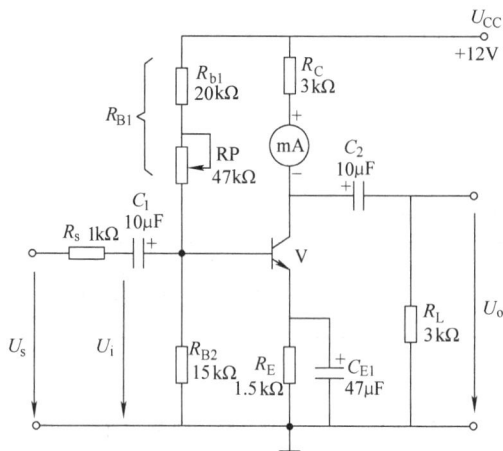

图 3.2.1　分压式偏置共射放大电路

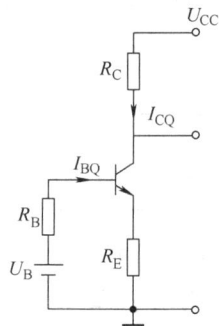

图 3.2.2　放大电路直流通路

则静态工作点分别为

$$I_{BQ} = \frac{U_B - U_{BEQ}}{R_B + (1 + \beta) R_E}$$

$$I_{CQ} = \beta I_{BQ}$$

$$U_{CEQ} \approx U_{CC} - (R_C + R_E) I_{CQ}$$

在实际工作中，一般通过改变上偏置电阻 R_{B1}（调节电位器 RP）来调节静态工作点的。RP 调大，工作点降低（I_{CQ} 减小）；RP 调小，工作点升高（I_{CQ} 增加）。

（2）共射放大电路动态指标估算

电压放大倍数 $\qquad\qquad A_V = -\beta \dfrac{R_C // R_L}{r_{be}}$

输入电阻 $\qquad\qquad R_i = R_{B1} // R_{B2} // r_{be}$

输出电阻 $\qquad\qquad R_o \approx R_C$

（3）放大器静态工作点的测量与调试

1）静态工作点的测量。测量放大器的静态工作点，应在输入信号 $u_i = 0$ 的情况下进行，即将放大器输入端与地端短接，然后选用量程合适的直流毫安表和直流电压表，分别测量晶体管的集电极电流 I_C 以及各电极对地的电位 U_B、U_C 和 U_E。为了减小误差，提高测量精度，应选用内阻较大的直流电压表（或万用表）和内阻较小的直流毫安表。

2）静态工作点的调试。静态工作点是否合适，对放大器的性能和输出波形都有很大影响。例如，工作点偏高，放大器在加入交流信号以后易产生饱和失真，此时 u_o 的负半周将被削底，如图 3.2.3a 所示；工作点偏低则易产生截止失真，即 u_o 的正半周被缩顶（一般截止失真不如饱和失真明显），如图 3.2.3b 所示。这些情况都不符合不失真放大的要求。所以在选定工作点以后还必须进行动态调试，即在放大器的输入端加入一定的 u_i，检查输出电压 u_o 的大小和波形是否满足要求。如不满足，则应调节静态工作点的位置。最佳工作点应在使输出波形刚好同时出现截止与饱和失真的位置，如图 3.2.3c 所示。

改变电路参数 U_{CC}、R_C、R_B（R_{B1} 或 R_{B2}）都会引起静态工作点的变化，如图 3.2.4 所示。但通常多采用调节上偏电阻 R_{B1} 的方法来改变静态工作点，例如若减小 R_{B1}，则可使静

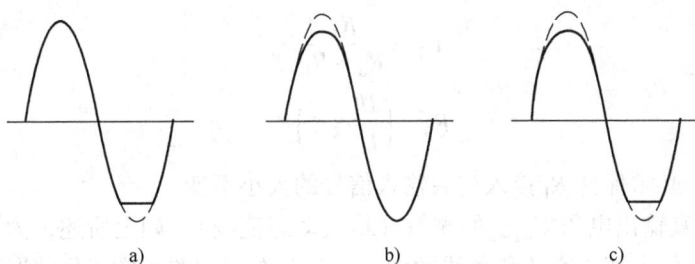

图 3.2.3 输出波形

态工作点提高等。

上面所说的工作点"偏高"或"偏低"不是绝对的,应该是相对于信号的幅度而言,如信号幅度很小,即使工作点较高或较低也不一定会出现失真。所以确切地说,产生波形失真是信号幅度与静态工作点设置配合不当所致。如果要满足较大信号幅度的要求,那么静态工作点应尽量靠近交流负载线的中点。

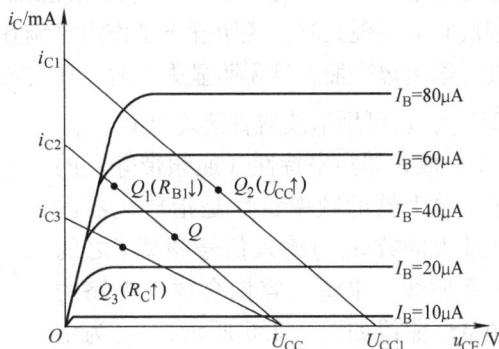

图 3.2.4 晶体管输出特性及静态工作点

(4)放大器动态指标测试 放大器动态指标测试有电压放大倍数、输入电阻、输出电阻、最大不失真输出电压(动态范围)和通频带等。

1)电压放大倍数 A_u 的测量。调整放大器到合适的静态工作点,然后加入输入电压 u_i,在输出电压 u_o 不失真的情况下,用交流毫伏表测出 u_i 和 u_o 的有效值为 U_i 和 U_o,则

$$A_u = -\frac{U_o}{U_i}$$

2)输入电阻的测量。为了测量放大器的输入电阻,按图 3.2.5 所示电路,在被测放大器的输入端与信号源之间串入一已知电阻 R,在放大器正常工作的情况下,用交流毫伏表测出 U_s 和 U_i,则根据输入电阻的定义可得

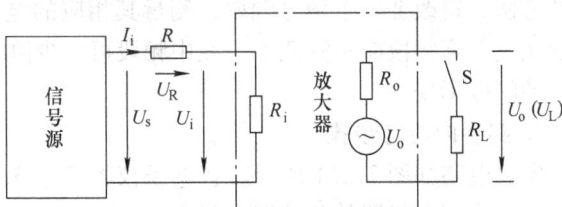

图 3.2.5 输入、输出电阻测量原理

$$R_i = \frac{U_i}{U_R}R = \frac{U_i}{U_s - U_i}R$$

测量时应注意:

① 由于电阻 R 两端没有电路公共接地点,所以测量 R 两端电压 U_R 时必须分别测出 U_s 和 U_i,然后按 $U_R = U_s - U_i$ 求出 U_R 值。

② 电阻 R 的值不宜取得过大或过小,以免产生较大的测量误差,通常取 R 与 R_i 为同一数量级为好,本实验可取 $R = 1 \sim 2k\Omega$。

3)输出电阻的测量。如图 3.2.5 所示电路,在放大器正常工作条件下,测出输出端不接负载 R_L 的输出电压 U_o 和接入负载 R_L 后的输出电压 U_L,根据

$$U_L = \frac{R_L}{R_o + R_L} U_o$$

即可求出

$$R_o = \left(\frac{U_o}{U_L} - 1 \right) R_L$$

在测试中应注意，必须保持 R_L 接入前后输入信号的大小不变。

4）最大不失真输出电压 U_{op-p} 的测量（最大动态范围）。如上所述，为了得到最大动态范围，应将静态工作点调在交流负载线的中点。为此在放大器正常工作情况下，逐步增大输入信号的幅度，并同时调节 RP（改变静态工作点），用示波器观察 U_o，当输出波形同时出现削底和缩顶现象时，说明静态工作点已调在交流负载线的中点。然后反复调整输入信号，当波形输出幅度最大且无明显失真时，用交流毫伏表测出 $U_{o\infty}$（有效值），则动态范围等于 $2\sqrt{2}U_{o\infty}$，也可用示波器直接读出 U_{op-p}。

5）放大器频率特性（通频带等）的测量。放大器的频率特性是指放大器的电压放大倍数 A_u 与输入信号频率 f 之间的关系曲线。单管阻容耦合放大电路的幅频特性曲线如图 3.2.6 所示，A_{um} 为中频电压放大倍数，通常规定电压放大倍数随频率变化下降到中频放大倍数的 $1/\sqrt{2}$，即 $0.707A_{um}$ 时，所对应的频率分别称为下限频率 f_L 和上限频率 f_H，则通频带

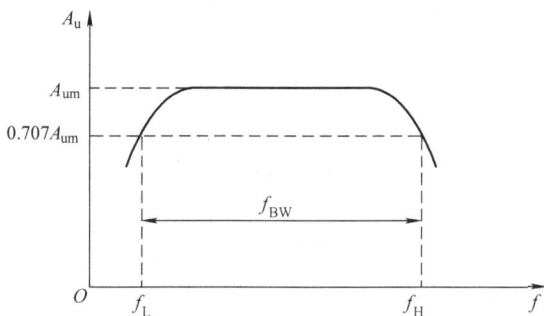

图 3.2.6　幅频特性曲线

$$f_{BW} = f_H - f_L$$

放大器的幅率特性就是测量不同频率信号时的电压放大倍数 A_u。为此，可采用前述测 A_u 的方法，每改变一个信号频率，测量其相应的电压放大倍数，测量时应注意取点要恰当，在低频段与高频段应多测几点，在中频段可以少测几点。此外，在改变频率时，要保持输入信号的幅度不变。

4. 实验内容与步骤

实验电路如图 3.2.1 所示。各电子仪器可按 3.1 节的实验中的图 3.1.1 所示方式连接，为防止干扰，各仪器的公共端必须连在一起，同时信号源、交流毫伏表和示波器的引线应采用专用电缆线或屏蔽线，如使用屏蔽线，则屏蔽线的外包金属网应接在公共接地端上。

1）测量静态工作点。接通电源前，先将 RP 调到最大，信号源输出电压调到零伏。接通 +12V 电源，调节 RP 使 $I_C = 2.0$ mA，用数字万用表测量 U_B、U_E、U_C、R_{B1} 值，记入表 3.2.1 中。

表 3.2.1　静态工作点实验数据

测　量　值					计　算　值	
U_B/V	U_E/V	U_C/V	R_{B1}/kΩ	I_C/mA	U_{BE}/V	U_{CE}/V

2）测量电压放大倍数。在放大器输入端加入 $f = 1$ kHz、$U_i = 8$ mV 的正弦信号，同时用

示波器观察放大器输出电压 U_o 的波形，在波形不失真的条件下用交流毫伏表测量下述两种情况下的 U_o 值，并用示波器同时观察 U_o 和 U_i 的相位关系，把结果记入表 3.2.2 中。

表 3.2.2　电压放大倍数及输入、输出波形

$R_C/k\Omega$	$R_L/k\Omega$	U_o/V	A_V	观察记录一组 U_o 和 U_i 波形
3	∞			
3	3			

3）测量输入电阻和输出电阻。置 $R_C = 3k\Omega$，$R_L = 3k\Omega$，$I_C = 2.0mA$。输入 $f = 1kHz$、U_s = 15mV 的正弦信号，用交流毫伏表分别测出 U_s，U_i 和 U_{oL} 记入表 3.2.3 中。

保持 U_s 不变，断开 R_L，测量输出电压 $U_{o\infty}$，记入表 3.2.3 中。

表 3.2.3　输入、输出电阻实验数据

U_s/mV	U_i/mV	$R_i/k\Omega$		U_{oL}/V	$U_{o\infty}/V$	$R_o/k\Omega$	
		测量值	估算值			测量值	估算值

4）观察静态工作点对输出波形失真的影响。置 $R_C = 3k\Omega$，$R_L = 3k\Omega$，$U_i = 0$，调节 RP 使 $I_C = 2.0mA$，测出 U_{CE} 值，再逐步加大输入信号，使输出电压 U_o 足够大但不失真。然后保持输入信号不变，分别增大和减小 RP，使波形出现失真，绘出 U_o 的波形，并测出失真情况下的 I_C 和 U_{CE} 值，把结果记入表 3.2.4 中。每次测 I_C 和 U_{CE} 值时都要将信号源的输出断开。

表 3.2.4　R_{B1} 对静态、动态影响的实验数据

I_C/mA	U_{CE}/V	U_o 波形	晶体管的工作状态
RP 减小			
2.0			
RP 增大			

5）测量最大不失真输出电压。置 $R_C = 3k\Omega$，$R_L = 3k\Omega$，按照本节的 3. 实验原理中（4）所述方法，同时调节输入信号的幅度和电位器 RP，用示波器和交流毫伏表测量 U_{im}、U_{op-p} 及 U_o，记入表 3.2.5 中。

表 3.2.5　最大不失真输出电压实验数据

I_C/mA	U_{im}/mV	U_{om}/V	U_{op-p}/V

6）测量幅频特性曲线。取 $I_C = 2.0mA$，$R_C = 3k\Omega$，$R_L = 3k\Omega$。保持输入信号 U_i 或 U_s 的幅度不变，改变信号源频率 f，逐点测出相应的输出电压 U_o，记入表 3.2.6 中。

表 3.2.6　幅频特性实验数据

					f_L		f_o		f_H			
f/kHz												
U_o/V												
$A_V = U_o / U_i$												

为了频率 f 取值合适，可先粗测一下，找出中频范围，然后再仔细读数。

说明：本实验内容较多，其中步骤5）、6）可作为选作内容。

5. 预习要求与思考题

1）阅读教材中有关单管放大电路的内容并估算实验电路的性能指标。

假设：VT（3DG6）的 $\beta = 100$，$R_{B1} = 60k\Omega$，$R_{B2} = 15k\Omega$，$R_C = 3k\Omega$，$R_L = 3k\Omega$。估算放大器的静态工作点，电压放大倍数 A_u，输入电阻 R_i 和输出电阻 R_o。

2）能否用数字电压表直接测量晶体管的 U_{BE}？为什么实验中要采用测 U_B、U_E，再间接算出 U_{BE} 的方法？

3）在测试 A_u，R_i 和 R_o 时怎样选择输入信号的大小和频率？为什么信号频率一般选 1kHz，而不选 100kHz 或更高？

4）测试中，如果将信号源、交流毫伏表、示波器中任一仪器的两个测试端子接线换位（即各仪器的接地端不再连在一起），将会出现什么问题？

3.3　负反馈放大器

1. 实验目的

1）掌握两级阻容耦合放大电路静态工作点的测量与调整方法，进一步熟悉仪器使用方法。

2）加深理解两级放大电路中引入负反馈的方法和负反馈对放大器各项性能指标的影响。

2. 实验设备

1）两级放大电路板。

2）双踪示波器。

3）函数信号发生器。

4）交流毫伏表。

5）数字万用表。

6）电子技术教学实验台。

3. 实验原理与步骤

负反馈在电子电路中有着非常广泛的应用。虽然负反馈使放大器的放大倍数降低，但能在多方面改善放大器的动态参数，如稳定放大倍数，改变输入、输出电阻，减小非线性失真和展宽通频带等。因此，几乎所有的实用放大器都带有负反馈。

负反馈放大器有4种组态，即电压串联负反馈、电压并联负反馈、电流串联负反馈、电流并联负反馈。本实验以电压串联负反馈为例，分析负反馈对放大器各项性能指标的影响。

1）图3.3.1所示为带有负反馈的两级阻容耦合放大电路，在电路中通过电阻R_{13}把输出电压U_o引回到输入端，加在晶体管V_1的发射极上，在发射极电阻R_5上形成反馈电压U_f。根据反馈的判断法可知，它属于电压串联负反馈。

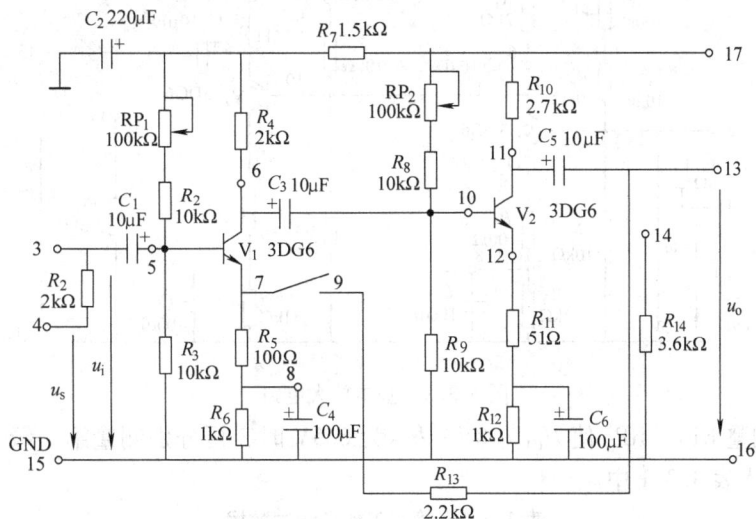

图3.3.1 带负反馈的两级阻容耦合放大电路

主要性能指标如下：

① 闭环电压放大倍数

$$A_{uf} = \frac{A_u}{1 + A_u F_u}$$

式中 A_u——基本放大器（无反馈）的电压放大倍数，即开环电压放大倍数$A_u = U_o / U_i$；

$1 + A_u F_u$——反馈深度，它的大小决定了负反馈对放大器性能改善的程度。

② 反馈系数

$$F_u = \frac{R_5}{R_5 + R_{13}}$$

③ 输入电阻

$$r_{if} = (1 + A_u F_u) r'_i$$

式中 r'_i——基本放大器的输入电阻（不包括偏置电阻）。

④ 输出电阻

$$r_{of} = \frac{r_o}{1 + A_{uo} F_u}$$

式中 r_o——基本放大器的输出电阻；

A_{uo}——基本放大器$R_L = \infty$时的电压放大倍数。

2）本实验还需要测量基本放大器的动态参数，那么怎样实现无反馈而得到基本放大电路呢？由于是在基本放大电路的基础上把输出部分的电压引入到输入部分构成了一个反馈系统，因此在测量基本放大电路的动态参数时可以断开反馈支路，去掉反馈作用，从而得到基本放大电路。

按上述方法得到的基本放大电路如图3.3.2所示。

4. 实验内容与步骤

（1）测量静态工作点 按图3.3.1连接实验电路，断开负载R_{14}，取$U_{CC} = +12\text{V}$，

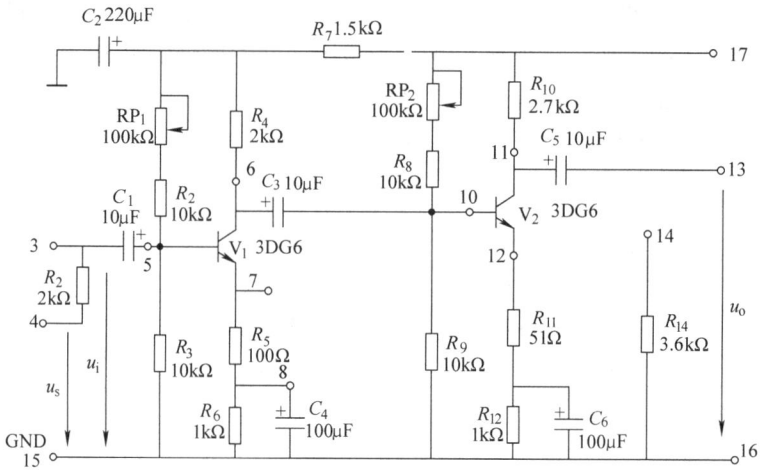

图 3.3.2　基本放大电路

$U_i = 0$，分别调整 RP$_1$、RP$_2$ 使 U_{C1} 为 8V、U_{C2} 为 6.5V 时，再分别测量第一级、第二级的静态工作点，记入表 3.3.1 中。

表 3.3.1　静态工作点测试数据

	U_B/V	U_E/V	U_C/V
第一级			
第二级			

（2）测试基本放大器的各项性能指标　将实验电路按图 3.3.2 改接，即把 R_{13} 断开，其他连线不动，取 $U_{CC} = +12V$，各仪器连接方法同 3.2 节。

1）测量中频电压放大倍数 A_u，输入电阻 r_i 和输出电阻 r_o。

① 调节函数发生器的输出频率 $f = 1kHz$、电压 $U = 8mV$ 的正弦信号加入两级阻容耦合放大电路的 u_s 端，用交流毫伏表测量 U_s、U_i、U_L，并记入表 3.3.2 中。

② 保持 U_s 不变，断开负载电阻 R_L，测量空载时的输出电压 U_o，记入表 3.3.2 中。

表 3.3.2　基本放大器性能指标实验数据

	U_s/mV	U_i/mV	U_L/mV	U_o/mV	A_V	$r_i/k\Omega$	$r_o/k\Omega$
基本放大器							
负反馈放大器							

2）测量通频带。接上 R_L，保持 1）中的 U_s 不变，然后增加和减小输入信号的频率，找出上、下限频率 f_H 和 f_L，记入表 3.3.3 中。

表 3.3.3　通频带实验数据

	f_L/Hz	f_H/kHz	f_{BW}/kHz
基本放大器			
负反馈放大器			

（3）测试负反馈放大器的各项性能指标　将实验电路恢复为图 3.3.1 所示的负反馈放

大电路，用本节 4. 实验内容与步骤中（2）的方法测量负反馈放大器的 A_{uf}、r_{if} 和 r_{of}，记入表 3.3.2 中；测量 f_H 和 f_L，记入表 3.3.3 中。

（4）观察负反馈对非线性失真的改善

1）实验电路改接成基本放大器形式，在输入端加入 $f = 1kHz$ 的正弦信号，输出端接示波器，逐渐增大输入信号的幅度，使输出波形出现失真，记下此时的波形和输出电压的幅度。

2）再将实验电路改接成负反馈放大器形式，记下此时的波形和输出电压的幅度，比较有负反馈时，输出波形的变化。

5. 预习要求与思考题

1）复习教材中有关负反馈放大器的内容，掌握其静态工作点的计算方法（取 $\beta_1 = \beta_2 = 100$）。

2）估算基本放大器的 A_u、r_i 和 r_o；估算负反馈放大器的 A_{uf}、r_{if} 和 r_{of}，并验算它们之间关系。

3）如按深度负反馈估算，则闭环电压放大倍数 A_{uf} 和测量值是否一致？为什么？

4）如输入信号存在失真，能否用负反馈来改善？

3.4 集成运算放大器的基本应用

1. 实验目的

1）熟悉由集成运算放大器组成的基本比例运算电路的运算关系。

2）研究由集成运算放大器组成的加法、减法和积分等基本运算电路的功能。

3）了解运算放大器在实际应用时应考虑的一些问题。

2. 实验设备

1）运算放大器基本运算电路。

2）函数信号发生器。

3）双踪示波器。

4）交流毫伏表。

5）秒表。

6）数字直流电压表。

7）电子技术教学实验台。

3. 实验原理

集成运算放大器是一种具有高电压放大倍数的直接耦合多级放大电路。当外部接入不同的线性或非线性元器件组成输入和负反馈电路时，可以灵活地实现各种特定的函数关系。在线性应用方面，可组成比例、加法、减法、积分、微分、对数等模拟运算电路。

（1）反相比例运算电路 图 3.4.1 所示为反相比例运算电路。对于理想运算放大器，该电路的输出电压与输入电压之间的关系为

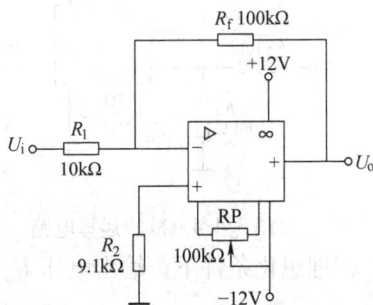

图 3.4.1 反相比例运算电路

$$U_o = -\frac{R_f}{R_1}U_i$$

为了减小输入级偏置电流引起的运算误差，在同相端应接入平衡电阻 $R_2 = R_1 // R_f$。

（2）同相比例运算电路　图 3.4.2 所示是同相比例运算电路，它的输出电压与输入电压之间的关系为

$$U_o = \left(1 + \frac{R_f}{R_1}\right)U_i \quad R_2 = R_f // R_1$$

（3）反相加法电路　图 3.4.3 所示为反相加法电路，其输出电压与输入电压之间的关系为

$$U_o = -\left(\frac{R_f}{R_1}U_{i1} + \frac{R_f}{R_2}U_{i2}\right)$$

平衡电阻 $R_3 = R_1 // R_2 // R_f$。

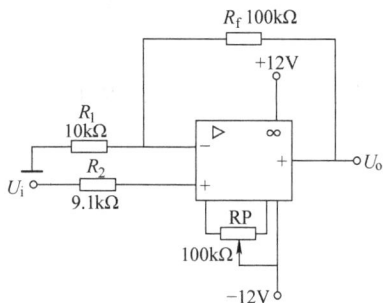

图 3.4.2　同相比例运算电路　　　　图 3.4.3　反相加法电路

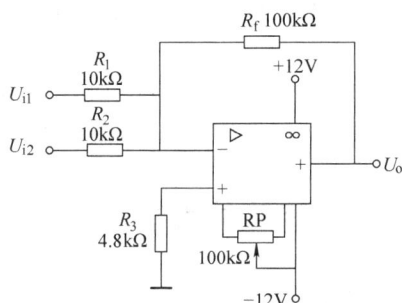

（4）差动放大器电路（减法器）　图 3.4.4 所示为减法运算电路，当 $R_1 = R_2$，$R_3 = R_f$ 时，有如下关系式：

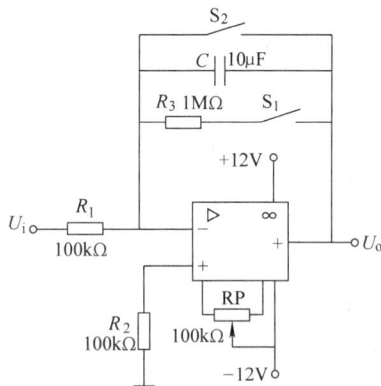

$$U_o = \frac{R_f}{R_1}(U_{i2} - U_{i1})$$

（5）积分运算电路　积分运算电路如图 3.4.5 所示。

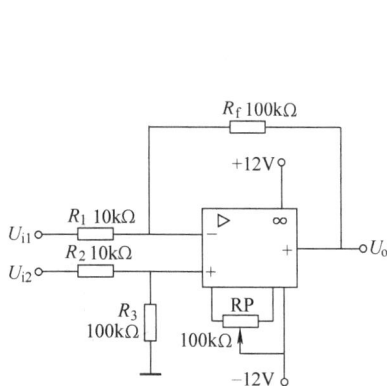

图 3.4.4　减法运算电路　　　　图 3.4.5　积分运算电路

在理想化条件下，输出电压 U_o 随时间变化是

$$U_o(t) = -\left(\frac{1}{RC}\int_0^t U_i dt + U_o(0)\right) = -\frac{1}{RC}\int_0^t U_i dt + U_C(0)$$

式中 $U_C(0)$ ——$t=0$ 时刻电容 C 两端的电压值,即初始值。

如果 $U_i(t)$ 是幅值为 E 的阶跃电压,并设 $U_C(0)=0$,则

$$U_o(t) = -\frac{1}{RC}\int_0^t E\mathrm{d}t = -\frac{E}{RC}t$$

即输出电压 $U_o(t)$ 随时间增长而线性下降。显然 RC 的数值越大,达到给定的 U_o 值所需的时间就越长。积分输出电压所能达到的最大值,受集成运算放大器最大输出范围的限值。

在进行积分运算之前,首先应对运算放大器调零。为了便于调节,将图中 S_1 闭合,即通过电阻 R_3 的负反馈作用帮助实现调零。但在完成调零后,仍将 S_1 打开,以免因 R_3 的接入造成积分误差。S_2 的设置,一方面为积分电容放电提供通路,同时可实现积分电容初始电压 $u_C(0)=0$;另一方面,可控制积分起始点,即在加入信号 u_i 后,只要 S_2 一打开,电容就将被恒流充电,电路也就开始进行积分运算。

4. 实验内容与步骤

实验前要看清运算放大器电路板上各引脚的位置;切忌正、负电源极性接反和输出端短路,否则将会损坏集成块。

(1) 反相比例运算电路

1) 按图 3.4.1 连接实验电路,接通 ±12V 电源,输入端对地短路,进行调零和消振。

2) 输入 $f=100\mathrm{Hz}$,$U_i=0.5\mathrm{V}$ 的正弦交流信号,测量相应的 U_o,并用示波器观察 u_o 和 u_i 的相位关系,记入表 3.4.1 中。

表 3.4.1 反相比例运算测试 ($U_i=0.5\mathrm{V}$, $f=100\mathrm{Hz}$)

U_o/V		u_i波形	u_o波形	A_u	
实测值	理论估算值			实测值	理论值

(2) 同相比例运算电路 按图 3.4.2 连接实验电路,实验步骤同上,将结果记入表 3.4.2 中。

表 3.4.2 同相比例运算测试 ($U_i=0.5\mathrm{V}$, $f=100\mathrm{Hz}$)

U_o/V		u_i波形	u_o波形	A_u	
实测值	理论估算值			实测值	理论值

(3) 反相加法运算电路

1) 按图 3.4.3 连接实验电路,调零并消振。

2) 输入信号采用直流信号,图 3.4.6 所示电路为简易直流信号源,由实验者自行完成。实验时要注意选择合适的直流信号幅度以确保集成运算放大器工作在线性区。用数字电压表测量输入电压 U_{i1}、U_{i2} 及输出电压 U_o,记入表 3.4.3 中。

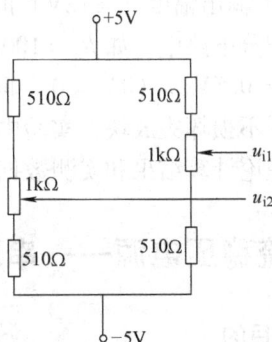

图 3.4.6 简易直流信号源

表 3.4.3　反相加法运算实验数据

U_{i1}/V		-0.2	-0.2	-0.2
U_{i2}/V		-0.2	0	0.2
U_o/V	理论估算值			
	实测值			

（4）减法运算电路

1）按图 3.4.4 连接实验电路，调零并消振。

2）采用直流输入信号，实验步骤同内容（3），记入表 3.4.4 中。

表 3.4.4　减法运算实验数据

U_{i1}/V		-0.2	-0.2	-0.2
U_{i2}/V		-0.2	0	0.2
U_o/V	理论估算值			
	实测值			

（5）积分运算电路　按图 3.4.5 所示连接实验电路，接通 ±12V 电源，消振。

1）调整积分零点漂移。将输入端接地，断开 S_2，闭合 S_1，对运算放大器输出进行调零。

2）调零完成后，再断开 S_1，闭合 S_2，使 $U_o(0) = 0$。

3）预先调好直流输入电压 $U_i = 0.3V$，接入实验电路，再断开 S_2，然后用数字电压表测输出电压 U_o，每隔 5s 读一次 U_o（用数字秒表记录时间），记入表 3.4.5 中，直到 U_o 基本不变化为止。

表 3.4.5　积分运算实验数据

t/s	0	5	10	15	20	25	30	…	…	…	…
U_o/V											

5. 预习要求与思考题

1）复习集成运算放大器线性应用部分内容，并根据实验电路参数计算各电路输出电压的理论值。

2）在反相加法器中，如 U_{i1} 和 U_{i2} 均采用直流信号，并选定 $U_{i2} = -1V$，当考虑到运算放大器的最大输出幅度（±12V）时，$|U_{i1}|$ 的大小不应超过多少伏？

3）在积分电路中，如 $R_1 = 100k\Omega$，$C = 4.7\mu F$，求时间常数。

假设 $u_i = 0.5V$、$u_o(0) = 0$，问要使输出电压 U_o 达到 5V，需多长时间？

4）为了不损坏集成块，实验中应注意什么问题？

5）将理论计算结果和实测数据相比较，分析产生误差的原因。

3.5　直流稳压电源——串联型晶体管稳压电源

1. 实验目的

1）加深理解串联型稳压电路的工作原理。

2）研究单相桥式整流、电容滤波电路的特性。

3）学习串联型晶体管稳压电源主要技术指标的测试方法。

2. 实验设备

1）串联型稳压电源板。

2）双踪示波器。

3）交流毫伏表。

4）电子技术教学实验台。

5）滑线变阻器。

3. 实验原理

电子设备一般都需要直流电源供电。这些直流电源除了少数直接利用干电池和直流发电机外，大多数是采用把交流电（市电）转变为直流电的直流稳压电源。

直流稳压电源由电源变压器以及整流、滤波和稳压电路四部分组成，其原理框图如图 3.5.1 所示。电网供给的交流电压 u_1（220V，50Hz）经电源变压器降压后，得到符合电路需要的交流电压 u_2，然后由整流电路变换成方向不变、大小随时间变化的脉动电压 u_3，再用滤波器滤去其交流分量，就可得到比较平直的直流电压 u_r。但这样的直流输出电压，还会随交流电网电压的波动或负载的变化而变化。在对直流供电要求较高的场合，还需要使用稳压电路，以保证输出直流电压更加稳定。

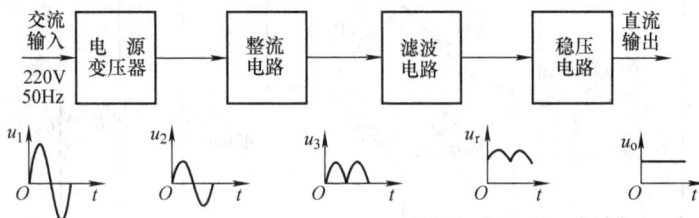

图 3.5.1 直流电源原理框图

串联型稳压电源实验电路如图 3.5.2 所示。其整流、滤波部分为单相桥式整流、电容滤波电路。稳压部分为串联型稳压电路，它由调整器件（晶体管 V_1，V_2）比较放大器 V_3、R_1，取样电路 R_5、R_4、RP，基准电压 R_3、VS 等组成。整个稳压电路是一个具有电压串联负反馈的闭环系统，其稳压过程为：当电网电压波动或负载变动引起输出直流电压发生变化时，取样电路取出输出电压的一部分送入比较放大器，并与基准电压进行比较；产生的误差信号经 V_2 放大后送至调整 V_1 的基极，使调整管改变其管压降，以补偿输出电压的变化，从而达到稳定输出电压的目的。

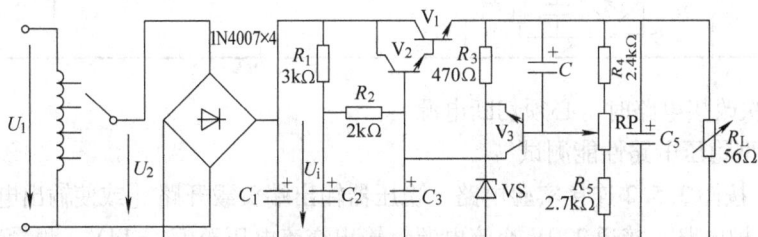

图 3.5.2 串联型稳压电源实验电路

稳压电源的主要性能指标如下：

1) 输出电压 U_o 调节范围

$$U_{omax} = \frac{R_4 + R_{RP} + R_5}{R_5}\ (U_Z + U_{BE3}) \qquad U_{omin} = \frac{R_4 + R_{RP} + R_5}{R_{RP} + R_5}\ (U_Z + U_{BE3})$$

调节 R_{RP} 可以改变输出电压 U_o。

2) 最大负载电流 I_{om}。

3) 输出电阻 r_o。输出电阻 r_o 定义为，当输入电压 U_i（稳压电路输入）保持不变时，由于负载变化而引起的输出电压变化量与输出电流变化量 ΔI_o 之比，即

$$r_o = \frac{\Delta U_o}{\Delta I_o}\ |\ U_i = 常数$$

4. 实验内容与步骤

（1）整流滤波电路测试　按图 3.5.3 连接实验电路。变压器输出接在 14V 的档，接通 220V 交流电源。

1) 取 $R_L = 1\mathrm{k}\Omega$，不加滤波电容，测量直流输出电压 U_o 及纹波电压 $\tilde{U}_o$，并用示波器观察 U_o 波形，记入表 3.5.1 中。

2) 取 $R_L = 1\mathrm{k}\Omega$，$C = 470\mu\mathrm{F}$，重复内容 1) 的要求，记入表 3.5.1 中。

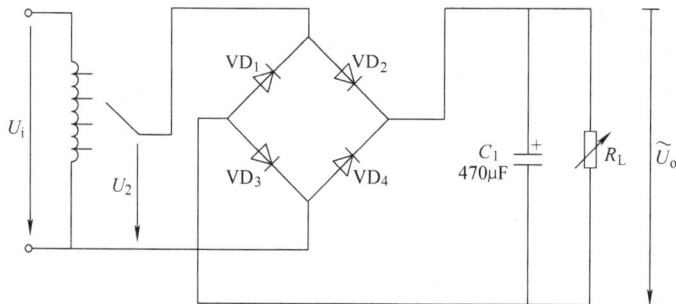

图 3.5.3　整流滤波电路

表 3.5.1　整流滤波电路实验数据

电路形式		输出电压 U_o	纹波电压 $\tilde{U}_o$	U_o 波形
$R_L = 1\mathrm{k}\Omega$				
$R_L = 1\mathrm{k}\Omega$ $C = 470\mu\mathrm{F}$				

注意：每次改接电路时，必须切断电源。

（2）串联型稳压电路性能测试

1) 初测。按图 3.5.2 连接实验电路。稳压器输出端负载开路［或使输出电流 $I_o \approx (1/2)$ I_{omax}］。断开保护电路，接通 220V 交流电源，输出交流电压至 $U_2 = 14\mathrm{V}$，测量滤波电路输入电压 U_i 及输出电压 U_o。调节电位器 RP，观察 U_o 的大小和变化情况，如果 U_o 能跟随 RP 线

性变化，这说明稳压器各反馈环路工作基本正常；否则，说明稳压电路有故障。因为稳压器是一个深负反馈的闭环系统，只要环路中任一个环节出现故障（某管截止或饱和），稳压器就会失去自动调节作用。此时可分别检查基准电压 U_Z、输入电压 U_i 和输出电压 U_o，以及比较放大器和调整管各电极的电位（主要是 V_{BEQ} 和 V_{CEQ}），分析它们的工作状态是否都处在线性区，从而找出不能正常工作的原因。排除故障以后就可以进行下一步测试。

2）测量输出电压可调范围。取 $U_2 = 14$，调节电位器 RP，测量输出电压可调范围 $U_{omin} \sim U_{omax}$。并记录，最后调 RP 的动点使 $U_o = 12V$。

3）测量各级静态工作点。取 $U_2 = 14V$，调节输出电压 $U_o = 12V$，测量各级静态工作点，记入表 3.5.2 中。

表 3.5.2　各级静态工作点

	晶体管 V_1	晶体管 V_2	晶体管 V_3
U_B/V			
U_C/V			
U_E/V			

4）测外特性，$U_o = f(I_o)$。维持 $U_2 = 14V$ 不变，分别在电容滤波及电容滤波加稳压两种状态下，调变负载电阻 R_L（滑线变阻器）测量记录输出电压 U_o 与输出电流 I_o，列于表 3.5.3 中。

表 3.5.3　测外特性实验数据

负载/Ω		50	100	150	200	250	∞
I_o/mA	C_1						
	C_1+稳压						
U_o/V	C_1						
	C_1+稳压						

5. 预习要求与思考题

1）复习稳压电源的相关内容，并根据实验电路参数计算各电路输出电压的理论值。

2）调整管在什么情况下功耗最大。

3.6　*RC* 正弦波振荡器

1. 实验目的

1）进一步学习 *RC* 正弦波振荡器的组成及其振荡条件。

2）学会测量、调试振荡器。

2. 实验设备

1）*RC* 正弦波振荡器实验板。

2）函数信号发生器。

3）双踪示波器。

4）万用表。

5）电子技术教学实验台。

3. 实验原理

从结构上看，正弦波振荡器是没有输入信号的带选频网络的正反馈放大器。若用 R、C 元件组成选频网络，就称为 RC 振荡器，一般用来产生 $1\text{Hz} \sim 1\text{MHz}$ 的低频信号。

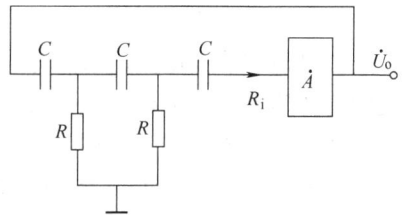

图 3.6.1 RC 移相振荡器

1）RC 移相振荡器。电路形式如图 3.6.1 所示，选择 $R \gg R_i$。

振荡频率：$f_0 = \dfrac{1}{2\pi\sqrt{6}RC}$。

起振条件：放大器 $\dot{A}$ 的电压放大倍数 $|\dot{A}| > 29$。

电路特点：简便，但选频作用差，振幅不稳，频率调节不便，一般用于频率固定且稳定性要求不高的场合。

频率范围：几赫 ~ 数十千赫。

2）RC 串并联网络（文氏电桥）振荡器。电路形式如图 3.6.2 所示。

振荡频率：$f_0 = \dfrac{1}{2\pi RC}$。

起振条件：$|\dot{A}| > 3$。

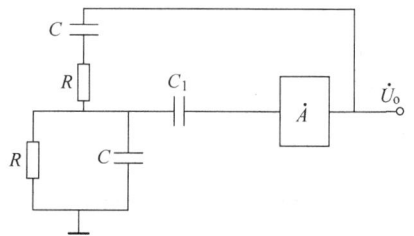

图 3.6.2 RC 串并联网络振荡器

电路特点：可方便地连续改变振荡频率，加负反馈稳幅容易得到良好的振荡波形。

3）双 T 选频网络振荡器。电路形式如图 3.6.3 所示。

振荡频率：$f_0 = \dfrac{1}{5RC}$。

起振条件：$R' < \dfrac{R}{2}$，$|\dot{A}| > 1$。

电路特点：选频特性好，调频困难，适于产生单一频率的振荡。

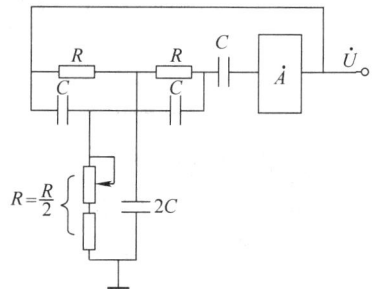

图 3.6.3 双 T 选频网络振荡器

4. 实验内容与步骤

（1）RC 串并联选频网络振荡器

1）按图 3.6.4 所示连接电路。

2）断开 RC 串并联网络，测量放大器静态工作点及电压放大倍数。

3）接通 RC 串并联网络，并使电路起振，用示波器观测输出电压 u_o 波形，调节 RP 使获得满意的正弦信号，记录波形及其参数。

4）测量振荡频率，并与计算值进行比较。

5）改变 R 或 C 值，观察振荡频率变化情况。

6）RC 串并联网络幅频特性的观察。将 RC 串并联网络与放大器断开，用函数信号发生器的正弦信号注入 RC 串并联网络，保持输入信号的幅度不变（约 3V），频率由低到高变

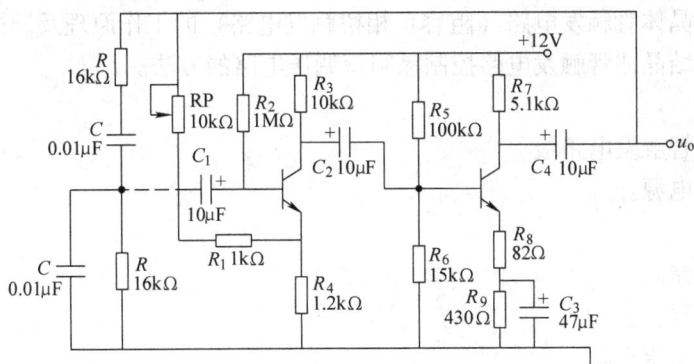

图 3.6.4　RC 串并联选频网络振荡器

化，RC 串并联网络输出幅值将随之变化。当信号源达某一频率时，RC 串并联网络的输出将达最大值（约 1V 左右）。且输入、输出同相位，此时信号源频率为

$$f = f_0 = \frac{1}{2\pi RC}$$

（2）双 T 选频网络振荡器

1）按图 3.6.5 所示连接电路。

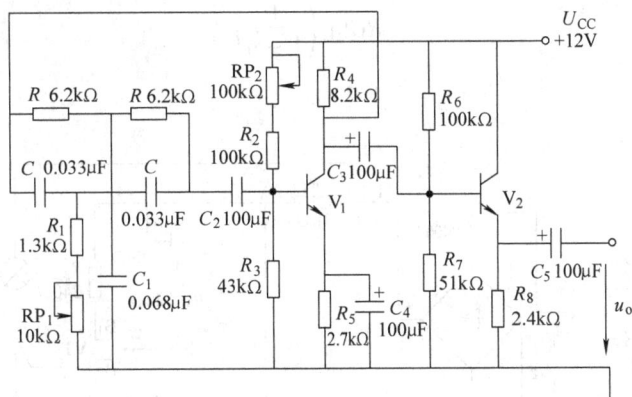

图 3.6.5　双 T 选频网络振荡器

2）断开双 T 网络，调试 V_1 静态工作点，使 U_{C1} 为 6～7V（调节 RP_2）。

3）接入双 T 网络，用示波器观察输出波形。若不起振，调节 RP_1，使电路起振。

4）测量电路振荡频率，并与计算值比较。

5. 预习要求与思考题

1）复习教材有关三种类型 RC 振荡器的结构与工作原理。

2）计算实验电路的振荡频率。

3）如何用示波器来测量振荡电路的振荡频率。

3.7　晶闸管可控整流电路

1. 实验目的

1）学习单结晶体管和晶闸管的简易测试方法。

2）熟悉单结晶体管触发电路（阻容移相桥触发电路）的工作原理及调试方法。

3）熟悉用单结晶体管触发电路控制晶闸管调压电路的方法。

2. 实验设备

1）单结晶体管触发电路板。

2）可调交流电源。

3）万用表。

4）双踪示波器。

5）交流毫伏表。

6）数字直流电压表。

3. 实验原理

可控整流电路的作用是把交流电变换为电压可以调节的直流电。图 3.7.1 所示为单相半控桥式整流实验电路。主电路由负载 R_L（电灯）和晶闸管 VT_1 组成，触发电路为单结晶体管 VT_2 及一些阻容元件构成的阻容移相桥触发电路。改变晶闸管 VT_1 的导通角，便可调节主电路的可控输出整流电压（或电流）的数值，并由电灯负载亮度的变化反映出来。晶闸管导通角的大小决定于触发脉冲的频率 f，由公式

$$f = \frac{1}{RC\ln\left(\dfrac{1}{1-\eta}\right)}$$

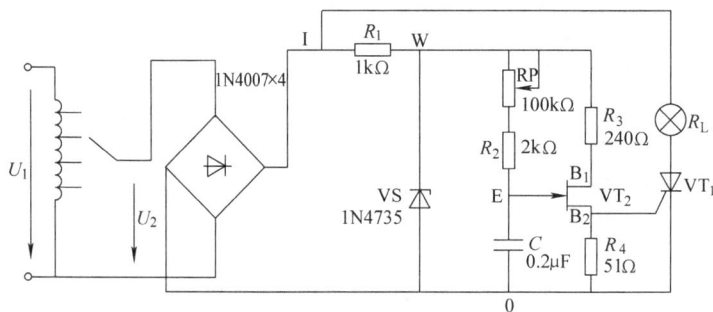

图 3.7.1　单相半控桥式整流实验电路

可知，当单结晶体管的分压比 η（一般在 0.5 ~ 0.8 之间）及电容 C 值固定时，则频率 f 大小由 R 决定，因此，通过调节电位器 RP，便可以改变触发脉冲频率，主电路的输出电压也随之改变，从而达到可控调压的目的。

用万用表的电阻档可以对单结晶体管和晶闸管进行简易测试。

图 3.7.2 所示为单结晶体管 BT33 引脚排列、结构及电路图形符号。好的单结晶体管 PN 结正向电阻 R_{BE1}、R_{BE2} 均较小，且 R_{BE1} 稍大于 R_{BE2}，PN 结的反向电阻 R_{B1E}、R_{B2E} 均应很大，根据所测阻值，即可判断出各引脚及单结晶体管的质量优劣。

图 3.7.3 所示为晶闸管 3CT3A 引脚排列、结构及电路图形符号。晶闸管阳极（A）—阴极（K）及阳极（A）—门极（G）之间的正、反向电阻 R_{AK}、R_{KA}、R_{AG}、R_{GA} 均应很大，而 G—K 之间为一个 PN 结，PN 结正向电阻应较小，反向电阻应很大。

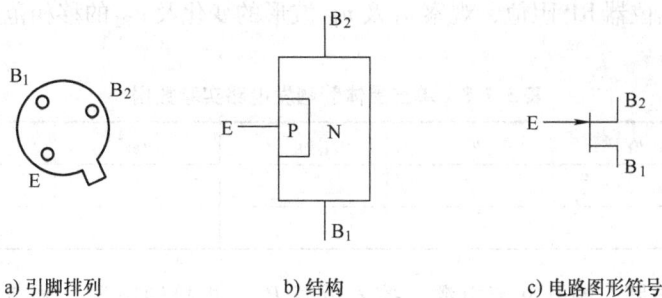

a) 引脚排列　　　　　　b) 结构　　　　　　c) 电路图形符号

图 3.7.2　单结晶体管 BT33 引脚排列、结构及电路图形符号

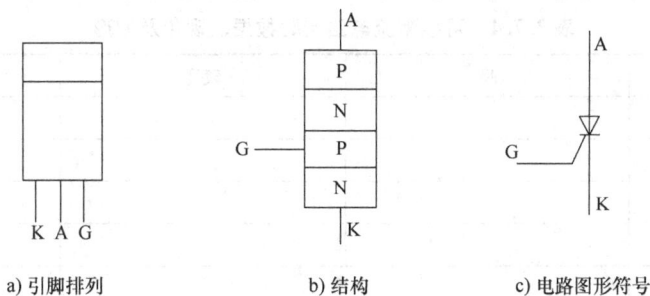

a) 引脚排列　　　　　　b) 结构　　　　　　c) 电路图形符号

图 3.7.3　晶闸管 3CT3A 引脚排列、结构及电路图形符号

4. 实验内容与步骤

（1）单结晶体管的简易测试　用万用表 $R \times 10$ 档分别测量 EB_1、EB_2 间正、反向电阻，记入表 3.7.1 中。

表 3.7.1　单结晶体管测试数据

R_{EB1}/Ω	R_{EB2}/Ω	$R_{B1E}/k\Omega$	$R_{B2E}/k\Omega$	结论

（2）晶闸管的简易测试　用万用表 $R \times 1k$ 档分别测量 A—K、A—G 间正、反向电阻；用 $R \times 10$ 档测量 G—K 间正、反向电阻，记入表 3.7.2 中。

表 3.7.2　晶闸管测试数据

$R_{AK}/k\Omega$	$R_{KA}/k\Omega$	$R_{AG}/k\Omega$	$R_{GA}/k\Omega$	$R_{GK}/k\Omega$	$R_{KG}/k\Omega$	结论

（3）晶闸管可控整流电路　按图 3.7.1 连接实验电路。调压器手柄旋至零位，电位器 RP 置中间位置。

1）单结晶体管触发电路。

① 断开主电路（把负载灯泡 R_L 取下），闭合交流电源开关，调节调压器输出，使 $U_2 = 16V$，用示波器依次观察并记录交流电压 u_2、整流输出电压 u_I（I - 0）、削波电压 u_w（W - 0）锯齿波电压 u_E（E - 0）、触发输出电压 u_{B1}（B_1 - 0）。记录波形时，注意各波形间对应关系，并标出电压幅度及时间。

② 改变移相电位器 RP 阻值，观察 u_E 及 u_{B1} 波形的变化及 u_{B1} 的移相范围，记入表 3. 7. 3 中。

表 3.7.3　单结晶体管触发电路实验数据

u_2	u_I	u_w	u_E	u_{B1}	u_{B1} 的移相范围

2）可控整流电路。断开交流电源，接入负载 R_L，再接通电源，调节电位器 RP，使灯泡由暗到中等亮，再到最亮，用示波器观察晶闸管两端电压波形 u_{VT_1} 和负载两端电压波形 u_L，并同时测量负载直流电压 U_L 及电源电压 U_2 有效值，记入表 3. 7. 4 中。

表 3.7.4　可控整流电路实验数据、现象及波形

	暗	较亮	最亮
u_L 波形			
u_{VT_1} 波形			
导电角			
U_L/V			
U_2/V			

5. 预习要求与思考题

1）复习晶闸管可控整流部分内容。

2）是否可用万用表 $R \times 10k$ 档测试单结晶体管或晶闸管，为什么？

3）为什么可控整流电路必须保证触发电路与主电路同步？本实验是如何实现同步的？

4）可以采取哪些措施改变触发信号的幅度和移相范围？

3.8　基本门电路的逻辑功能测试

1. 实验目的

1）掌握 TTL 门电路逻辑功能的测试方法。

2）学会用 74 LS00 与非门构成与门、或门和与或非门。

2. 实验设备

1）电子技术教学实验台。

2）集成块 75LS00、74LS86。

3. 实验原理

TTL 集成电路的工作特点是工作速度高，输出幅度较大，种类多，不易损坏。其中 74LS 系列应用更广泛，其工作电源电压为 4.5 ~ 5.5V，输出逻辑高电平 1 时 $U_{OH} \geq 2.4V$，输出逻辑低电平 0 时 $U_{OL} \leq 0.4V$。要求输入逻辑高电平不低于 2V，输入逻辑低电平不高于 0.8V。

4. 实验内容与步骤

（1）TTL 门电路的逻辑功能的测试

1) 当与非门接上 5V 电源和地时，在四 2 输入与非门 74 LS00 中任选一个与非门，输入端 A、B 分别输入不同的逻辑电平（即实验台左下方的"数字开关"）。用万用表直流电压档分别测出输出端为高电平时的电压 U_{OH} 和输出端为低电平时的电压 U_{OL}。并把结果记入表 3.8.1 中。

2) 测试输出端相应的逻辑状态。输入端 A、B 分别输入不同的逻辑电平。把输出端接到发光二极管上显示，输出为高电平时，发光二极管亮，输出为低电平时，发光二极管不亮。测试输出端 Y 相应的逻辑状态，并把结果记入表 3.8.1 中。

逻辑表达式 $$Y = \overline{A \cdot B}$$

（2）TTL 异或门 74LS86 逻辑功能的测试 连接好电路，把测试结果记入表 3.8.2 中。

逻辑表达式 $$Y = A \oplus B$$

表 3.8.1 74LS00 逻辑功能

输入		输出	
A	B	电压/V	Y
0	0		
0	1		
1	0		
1	1		

表 3.8.2 74LS86 逻辑功能

输入		输出
A	B	Y
0	0	
0	1	
1	0	
1	1	

（3）用 74LS00 构成与门、或门和与或非门

1) 用与非门组成与门电路。写出与门逻辑式关系

$$Y = A \cdot B = \overline{\overline{A \cdot B}}$$

画出逻辑图，如图 3.8.1 所示，并在逻辑图上标出引脚号，测试其逻辑功能，把结果记入表 3.8.3 中。

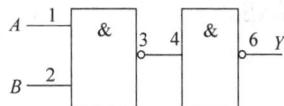

图 3.8.1 逻辑图

表 3.8.3 "与"门逻辑状态表

A	B	Y
0	0	
0	1	
1	0	
1	1	

2) 用与非门组成或门电路。写出或门逻辑式关系

$$Y = A + B$$

画出逻辑图，并在逻辑图上标出引脚号，逻辑状态表自拟。

3) 用与非门组成与或非门电路。写出与或非门逻辑式关系

$$Y = \overline{A \cdot B + C \cdot D}$$

画出逻辑图，并在逻辑图上标出引脚号，逻辑状态表自拟。

5. 预习要求与思考题

1) TTL 与非门输入端悬空相当于输入什么电平？为什么？

2) 如何处理各种门电路的多余输入端？

3) 用与非门组成其他功能逻辑门电路的方法和步骤是怎样的？应掌握什么准则？

3.9　组合逻辑电路的设计

1. 实验目的

1）深入理解用小规模数字集成电路组成逻辑电路的分析与设计方法。

2）学习用 74LS00 设计半加器，用 74LS00 和 74LS86 或 74LS138 和 74LS20 设计全加器并验证其逻辑功能。

2. 实验设备

1）电子技术教学实验台。

2）集成块 75LS00、74LS86、74LS20、74LS138。

3. 实验原理

在数字运算电路中，加法器是最重要、最基本的运算单元之一。基本的加法器电路有半加器电路和全加器电路。

1）半加器。半加器的功能是实现两个二进制数相加运算的电路（不考虑低位的进位输入，考虑进位输出）即两个 1 位二进制数相加，其中 A_i 表示被加数，B_i 表示加数，S_i 表示半加和，C_i 表示向高位的进位。其逻辑表达式为

$$S_i = A_i \oplus B_i \qquad\qquad C_i = A_i \cdot B_i$$

2）全加器。全加器的功能是实现两个二进制加数与一个来自低位进位的加法运算。以 A_i 和 B_i 表示两个加数，C_{i-1} 表示低位的进位。以 S_i 和 C_i 分别表示全加的和及向高位的进位，其逻辑表达式为

$$S_i = A_i \oplus B_i \oplus C_{i-1}$$
$$C_i = A_i \cdot B_i + C_{i-1}(A_i \oplus B_i)$$

3）组合逻辑电路设计步骤。传统的组合逻辑电路设计是根据已知条件和要求的逻辑功能，设计出最简洁的逻辑电路图，其步骤可用图 3.9.1 来描述。

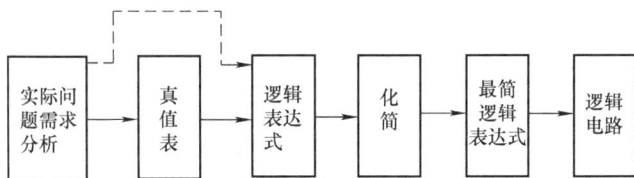

图 3.9.1　组合逻辑电路的设计步骤

4. 实验内容与步骤

（1）用 74LS00 设计半加器逻辑电路

1）按照 2 位二进制数的加法运算，列出真值表，根据真值表，写出半加器的逻辑表达式。利用与非门设计半加器逻辑电路（要求用最少的与非门）。

2）在数字实验台上检查与非门的好与坏。然后按所设计的电路连线 A_i、B_i 分别接到电平开关上，S_i 和 C_i 接到状态显示，灯亮则状态输出为 1。

3）验证其逻辑功能。将结果填入表 3.9.1 中。

表 3.9.1　半加器逻辑状态表

输入		输出	
A_i	B_i	S_i	C_i
0	0		
0	1		
1	0		
1	1		

（2）用 74LS00、74LS86、74LS138、74LS20 设计全加器并验证其逻辑功能

1）按照 3 位二进制数的加法运算，列出真值表。

2）根据真值表，利用与非门和异或门或与非门和 3 - 8 译码器设计全加器逻辑电路，并验证其逻辑功能，方法同上。将结果填入表 3.9.2 中。

表 3.9.2　全加器逻辑状态表

输入			输出	
A_i	B_i	C_{i-1}	S_i	C_i
0	0	0		
0	0	1		
0	1	0		
0	1	1		
1	0	0		
1	0	1		
1	1	0		
1	1	1		

5. 预习要求与思考题

1）熟悉组合逻辑电路的理论知识。

2）根据实验内容，设计逻辑电路图，拟定实验步骤，列真值表。

3）组合逻辑电路有时会出现"竞争 - 冒险"现象，试分析现象产生的原因和消除的方法。

3.10　数据选择器

1. 实验目的

1）掌握数据选择器的逻辑功能和使用方法。

2）学习用集成数据选择器进行逻辑设计。

2. 实验设备

1）电子技术教学实验台。

2）双 4 选 1 数据选择器 74LS153（或 CC4512）、8 选 1 数据选择器 74LS151（或 CC4539）。

3. 实验原理

数据选择器是常用的组合逻辑部件之一。它由组合逻辑电路对数字信号进行控制来完成较复杂的逻辑功能。它有若干个数据输入端 C_0、C_1、…，若干个控制输入端 A、B、…和一个输出端 Y。在控制输入端加上适当的信号，即可从多个输入数据源中将所需的数据信号选择出来，送到输出端。使用时也可以在控制输入端上加上一组二进制编码程序的信号，使电路按要求输出一串信号。所以，它也是一种可编程序的逻辑器件。

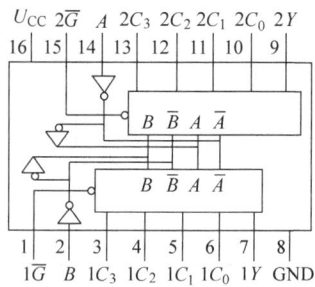

图 3.10.1　74LS153 引脚排列

中规模集成芯片 74LS153 为双 4 选 1 数据选择器，引脚排列如图 3.10.1 所示。其中，C_0、C_1、C_2、C_3 为 4 个数据输入端，Y 为输出端，A、B 为控制输入端（或称地址端）同时控制两个 4 选 1 数据选择器的工作，$\overline{G}$ 为工作状态选择端（或称使能端）。

74LS153 的逻辑功能表见表 3.10.1。当 $1\overline{G} = 2\overline{G} = 1$ 时电路不工作，此时无论 A、B 处于什么状态，输出 Y 总为零，即禁止所有数据输出；当 $1\overline{G} = 2\overline{G} = 0$ 时，电路正常工作，被选择的数据送到输出端，如 $AB = 01$，则选中数据 C_1 输出。

表 3.10.1　74LS153 逻辑功能表

选择输入		数据输入				选通输入	输出
B	A	C_0	C_1	C_2	C_3	$\overline{G}$	Y
×	×	×	×	×	×	H	L
L	L	L	×	×	×	L	L
L	L	H	×	×	×	L	H
L	H	×	L	×	×	L	L
L	H	×	H	×	×	L	H
H	L	×	×	L	×	L	L
H	L	×	×	H	×	L	H
H	H	×	×	×	L	L	L
H	H	×	×	×	H	L	H

注：H 表示高电平，L 表示低电平，×表示任意，后同。

当 $\overline{G}$ 为低电平 L 时，74LS153 的逻辑表达式为

$$Y = \overline{B}\,\overline{A}C_0 + \overline{B}AC_1 + B\,\overline{A}C_2 + BAC_3$$

中规模集成芯片 74LS151 为 8 选 1 数据选择器，引脚排列如图 3.10.2 所示。其中，$D_0 \sim D_7$ 为数据输入端，Y 为数据输出端，W 为反码数据输出端，A、B、C 为地址端，S 为选通输入端（低电平有效）。

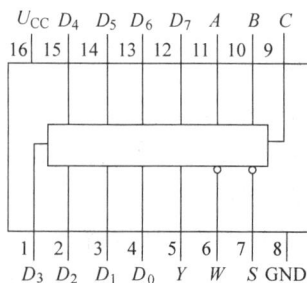

图 3.10.2　74LS151 引脚排列

74LS151 的逻辑功能表见表 3.10.2。

表 3.10.2　74LS151 逻辑功能表

输入				输出	
选择			控制		
C	B	A	S	Y	W
×	×	×	H	L	H
L	L	L	L	D_0	$\overline{D_0}$
L	L	H	L	D_1	$\overline{D_1}$
L	H	L	L	D_2	$\overline{D_2}$
L	H	H	L	D_3	$\overline{D_3}$
H	L	L	L	D_4	$\overline{D_4}$
H	L	H	L	D_5	$\overline{D_5}$
H	H	L	L	D_6	$\overline{D_6}$
H	H	H	L	D_7	$\overline{D_7}$

注：$D_0 \sim D_7$ 为对应的 D 端电平。

74LS151 的逻辑表达式为

$$Y = \overline{C}\,\overline{B}\,\overline{A}D_0 + \overline{C}\,\overline{B}AD_1 + \overline{C}B\overline{A}D_2 + \overline{C}BAD_3 + C\overline{B}\,\overline{A}D_4 + C\overline{B}AD_5 + CB\overline{A}D_6 + CBAD_7$$

数据选择器是一种通用性很强的中规模集成电路，除了能传递数据外，还可用它设计成数码比较器，变并行码为串行及组成函数发生器。本实验内容为用数据选择器设计函数发生器。

用数据选择器可以产生任意组合的逻辑函数，因而用数据选择器构成函数发生器方法简便，电路简单。对于任何给定的三输入变量逻辑函数均可用 4 选 1 数据选择器来实现，同时对于四输入变量逻辑函数可以用 8 选 1 数据选择器来实现。应当指出，数据选择器实现逻辑函数时，要求逻辑函数式变换成最小项表达式，因此，对函数化简是没有意义的。

例如，用 8 选 1 数据选择器实现逻辑函数

$$F = AB + BC + CA$$

写出 F 的最小项表达式

$$F = AB + BC + CA = \overline{A}BC + A\overline{B}C + AB\overline{C} + ABC$$

先将函数 F 的输入变量 A、B、C 加到 8 选 1 的地址端 A、B、C，再将上述最小项表达式与 8 选 1 逻辑表达式进行比较（或用两者卡诺图进行比较）不难得出：

$$D_0 = D_1 = D_2 = D_4 = 0$$
$$D_3 = D_5 = D_8 = D_7 = 1$$

图 3.10.3 所示为 8 选 1 数据选择器实现 $F = AB + BC + CA$ 的逻辑图。

如果用 4 选 1 数据选择器实现上述逻辑函数，由于选择器只有两个地址端 A、B，而函数 F 有三个输入变量，此时可把变量 A、B、C 分成两组，任选其中两个变量（如 A、B）作为一组加到选择器的地址端，余下的一个变量（如 C）作为另一组加到选

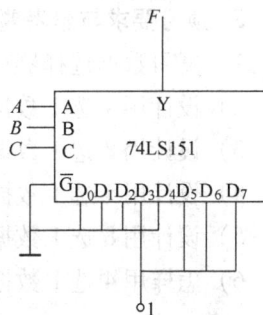

图 3.10.3　逻辑图

择器的数据输入端，并按逻辑函数式的要求求出加到每个数据输入端 $D_0 \sim D_7$ 的 C 的值。选择器输出 Y 便可实现逻辑函数 F。

当函数 F 的输入变量数小于数据选择器的地址端数时，应将不同的地址端及不用的数据输入端都接地处理。

4. 实验内容与步骤

（1）测试 74LS153 双 4 选 1 数据选择器的逻辑功能　地址端、数据输入端、使能端接逻辑开关，输出端接 0 – 1 指示器，按表 3.10.1 逐项进行功能验证。

（2）用 74LS153 实现下述函数

1）构成全加器。全加器和数 S_n 及向高位进位数 C_n 的逻辑方程为

$$S_n = \overline{A}\,\overline{B}\,C_{n-1} + \overline{A}B\,\overline{C}_{n-1} + A\,\overline{B}\,\overline{C}_{n-1} + ABC_{n-1}$$

$$C_n = \overline{A}BC_{n-1} + A\,\overline{B}C_{n-1} + AB\,\overline{C}_{n-1} + ABC_{n-1}$$

图 3.10.4 所示为用 74LS153 实现全加器的电路，按图连接实验电路，测试全加器的逻辑功能，自拟表格记录之。

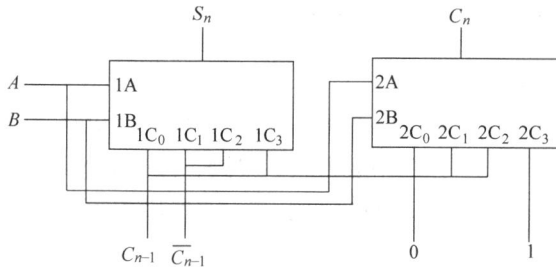

图 3.10.4　全加器电路

2）构成三人表决电路。按自己设计用 4 选 1 数据选择器构成三人表决电路，测试逻辑功能，自拟表格记录之。

3）构成函数 $F = \overline{A}C + \overline{B} + A\,\overline{C}$。按自行设计电路进行实验。

（3）测试 8 选 1 数据选择器 74LS151 的逻辑功能　按表 3.10.2 逐项进行功能验证。

（4）用 74LS151 实现下述函数

1）三人表决电路。按图 3.10.3 接线并测试逻辑功能。

2）构成函数 $F = A\,\overline{B} + \overline{A}B$。按自行设计电路进行实验。

5. 预习要求与思考题

1）复习数据选择器有关内容。

2）设计用 4 选 1 数据选择器实现三人表决电路。画出电路图，列出测试表格。

3）设计用 8 选 1 数据选择器实现三人表决电路。画出电路图，列出测试表格。

4）设计用 4 选 1 数据选择器实现 $F = \overline{A}C + \overline{B} + A\,\overline{C}$，画电路图，列测试表格。

5）设计用 8 选 1 数据选择器实现 $F = A\,\overline{B} + \overline{A}B$，画电路图，列测试表格。

6）怎样用 4 选 1 数据选择器构成 16 选 1 电路。

3.11　触发器的逻辑功能测试

1. 实验目的

1）熟悉基本 RS 触发器和 JK 触发器的逻辑功能及测试方法。

2）掌握触发器逻辑功能的转换。

3）研究主从 JK 触发器的一次翻转问题。

2. 实验设备

1）电子技术教学实验台。

2）集成块 74LS00、74LS112。

3. 实验原理

触发器是具有记忆功能的二进制信息存储器件，是时序逻辑电路的基本单元之一。触发器按逻辑功能可分 RS、JK、D、T 触发器；按电路触发方式可分为主从型触发器和边沿型触发器两大类。

4. 实验内容与步骤

（1）基本 RS 触发器逻辑功能测试　用双 2 输入与非门构成如图 3.11.1 所示的基本 RS 触发器。当 $\overline{R}_d$、$\overline{S}_d$ 加不同逻辑电平时，记录输出 Q、$\overline{Q}$ 端相应的状态，并把结果记入表 3.11.1 中。在观察 $\overline{R}_d\overline{S}_d = 11 \rightarrow 00 \rightarrow 11$ 时的不定状态时，应把 $\overline{R}_d$、$\overline{S}_d$ 接在同一逻辑开关上，以保证 $\overline{R}_d$ 和 $\overline{S}_d$ 同时变化。

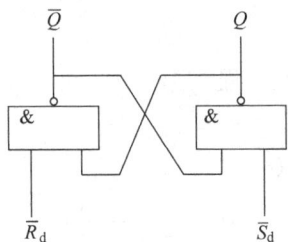

图 3.11.1　基本 RS 触发器

表 3.11.1　基本 RS 触发器功能表

$\overline{R}_d$	$\overline{S}_d$	Q	$\overline{Q}$
0	1		
1	1		
1	0		
1	1		
0	0		
1	1		

（2）JK 触发器逻辑功能测试　图 3.11.2 所示为 JK 触发器 CT74LS112（双 JK，下降沿触发）芯片引脚排列。

1）异步置位端 $\overline{S}_d$ 和异步复位端 $\overline{R}_d$ 端的功能测试。J、K、CP 端为任意状态，$\overline{R}_d$、$\overline{S}_d$ 端分别接逻辑开关，输出 Q 和 $\overline{Q}$ 端分别接发光二极管，按表 3.11.2 要求测试，将结果记入表中。并在 $\overline{R}_d$ 和 $\overline{S}_d$ 作用期间（即 $\overline{R}_d = 0$ 或 $\overline{S}_d = 0$）任意改变 J、K、CP 端状态，观察输出状态是否变化。

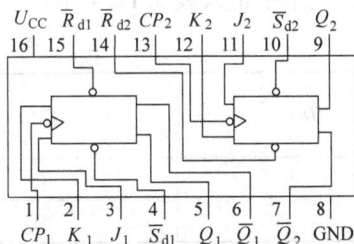

图 3.11.2　74LS112 引脚排列

2）JK 触发器逻辑功能测试。

① 采用复位端 $\overline{R}_d$、置位端 $\overline{S}_d$ 的功能设置初态 Q_n 为 0 或 1。

② 使 $\overline{R}_d \overline{S}_d = 11$，根据表 3.11.3 给定 J、K 的值，在 CP 端输入单脉冲，脉冲由 0→1（上升沿）和由 1→0（下降沿）时，观察输出端 Q_{n+1} 状态的变化，并把结果记入表 3.11.3。

表 3.11.2　置位、复位功能表

$\overline{R}_d$	$\overline{S}_d$	Q	$\overline{Q}$
0	1		
1	1		
1	0		
1	1		
0	0		
1	1		

表 3.11.3　JK 触发器功能表

J	K	CP	Q_{n+1}	
			$Q_n = 0$	$Q_n = 1$
0	0	↑		
		↓		
0	1	↑		
		↓		
1	0	↑		
		↓		
1	1	↑		
		↓		

（3）触发器逻辑功能转换

1）将 JK 触发器转换成 D 触发器。根据 JK 触发器特性方程

$$Q_{n+1} = J\overline{Q} + \overline{K}Q \tag{1}$$

D 触发器特性方程
$$Q_{n+1} = D(Q + \overline{Q}) = DQ + D\overline{Q} \tag{2}$$

比较式（1）和式（2）得
$$D = J \quad D = \overline{K}$$

在 JK 触发器的 J 端与 K 端之间接入一个与非门，如图 3.11.3 所示，即把 JK 触发器转换成 D 触发器，并测试其功能，把结果记入表 3.11.4 中。

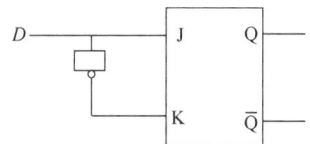

图 3.11.3　JK 触发器转换成 D 触发器

表 3.11.4　D 触发器功能表

D	CP	Q_{n+1}	
		$Q_n = 0$	$Q_n = 1$
0	↑		
	↓		
1	↑		
	↓		

2）将 JK 触发器转换成 T 触发器。自行设计电路，功能表格自拟。

（4）主从 JK 触发器的一次翻转的测试　用与非门构成主从 JK 触发器，观察一次翻转现象。测试方法及步骤自拟。

5. 预习要求与思考题

1）复习 RS 触发器、JK 触发器、D 触发器有关内容。

2）说明 JK 触发器的 $\overline{R}_d$、$\overline{S}_d$ 端的功能，使用时应如何处理。

3）触发器的输出由什么决定？

4）用与非门构成的基本 RS 触发器的约束条件是什么？如果改用或非门构成基本 RS 触发器，其约束条件又是什么？

5）触发器的哪些输入端一定要使用无抖动开关？为什么？

3.12　移位寄存器及其应用

1. 实验目的

1）熟悉移位寄存器的工作原理。

2）掌握中规模 4 位双向移位寄存器逻辑功能及使用方法。

3）熟悉移位寄存器的应用——实现数据的串行、并行转换和构成环形计数器。

2. 实验设备

1）电子技术教学实验台。

2）集成块 74LS194（CC40194）、74LS00、74LS30（CC4068）。

3. 实验原理

（1）移位寄存器　移位寄存器是一个具有移位功能的寄存器，是指寄存器中所存的代码能够在移位脉冲的作用下依次左移或右移。既能左移又能右移的称为双向移位寄存器，只需要改变左、右移的控制信号便可实现双向移位要求。移位寄存器根据存取信息的方式不同分为串入串出、串入并出、并入串出、并入并出 4 种形式。

本实验选用的 4 位双向通用移位寄存器，型号为 74LS194 或 CC40194，两者功能相同，可互换使用，其逻辑符号及引脚排列如图 3.12.1 所示。

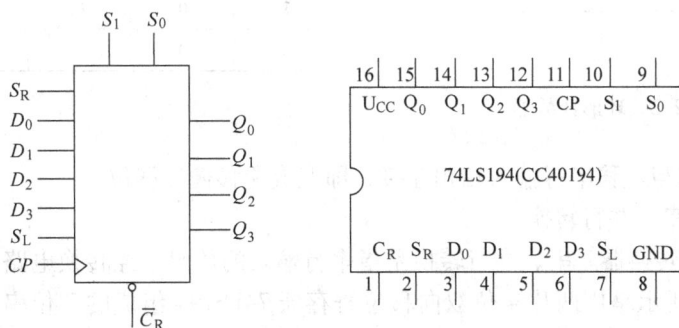

图 3.12.1　74LS194 的逻辑符号及引脚排列

图 3.12.1 中，D_0、D_1、D_2、D_3 为并行输入端；Q_0、Q_1、Q_2、Q_3 为并行输出端；S_R 为右移串行输入端，S_L 为左移串行输入端；S_1、S_0 为操作模式控制端；$\overline{C}_R$ 为直接无条件清零

端；CP 为时钟脉冲输入端。

74LS194 有 5 种不同操作模式，即并行送数寄存、右移（方向由 $Q_0 \sim Q_3$）、左移（方向由 $Q_3 \sim Q_0$）、保持及清零。S_1、S_0 和 $\overline{C}_R$ 端的控制作用见表 3.12.1。

表 3.12.1 74LS194 功能表

功能	输　入										输　出			
	CP	$\overline{C}_R$	S_1	S_0	S_R	S_L	D_0	D_1	D_2	D_3	Q_0	Q_1	Q_2	Q_3
清除	×	0	×	×	×	×	×	×	×	×	0	0	0	0
送数	↑	1	1	1	×	×	a	b	c	d	a	b	c	d
右移	↑	1	0	1	D_{SR}	×	×	×	×	×	D_{SR}	Q_0	Q_1	Q_2
左移	↑	1	1	0	×	D_{SL}	×	×	×	×	Q_1	Q_2	Q_3	D_{SL}
保持	↑	1	0	0	×	×	×	×	×	×	Q_0^n	Q_1^n	Q_2^n	Q_3^n
保持	↓	1	×	×	×	×	×	×	×	×	Q_0^n	Q_1^n	Q_2^n	Q_3^n

（2）移位寄存器的应用　移位寄存器应用很广，可构成移位寄存器型计数器、顺序脉冲发生器、串行累加器，也可用作数据转换，即把串行数据转换为并行数据，或把并行数据转换为串行数据等。本实验研究移位寄存器用作环形计数器和数据的串、并行转换。

1）环形计数器。把移位寄存器的输出反馈到它的串行输入端，就可以进行循环移位，如图 3.12.2 所示，把输出端 Q_3 和右移串行输入端 S_R 相连接，设初始状态 $Q_0 Q_1 Q_2 Q_3 = 1000$，则在时钟脉冲作用下 $Q_0 Q_1 Q_2 Q_3$ 将依次变为 0100→0010→0001→1000→……，见表 3.12.2，可见它是一个具有四个有效状态的计数器，这种类型的计数器通常称为环形计数器。图 3.12.2 所示电路可以由各个输出端输出在时间上有先后顺序的脉冲，因此也可作为顺序脉冲发生器。

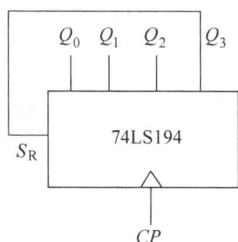

图 3.12.2 环形计数器

表 3.12.2 移位寄存器状态表

CP	Q_0	Q_1	Q_2	Q_3
0	1	0	0	0
1	0	1	0	0
2	0	0	1	0
3	0	0	0	1

如果将输出端与左移串行输入端相连接，即变成左移循环移位。

2）实现数据串、并行转换。

① 串行/并行转换器。串、并行转换是指串行输入的数码，经转换电路之后变换成并行输出。图 3.12.3 所示是用两片 4 位双向移位寄存器 74LS194 组成的 7 位串、并行数据转换电路。

电路中 S_0 端接高电平 1，S_1 受 Q_7 控制，两片寄存器连接成串行输入右移工作模式。Q_7 是转换结束标志。当 $Q_7 = 1$ 时，S_1 为 0，使之成为 $S_1 S_0 = 01$ 的串入右移工作方式，当 $Q_7 = 0$ 时，$S_1 = 1$，$S_1 S_0 = 10$ 则串行送数结束，标志着串行输入的数据已转换成并行输出了。

串、并行转换的具体过程如下：

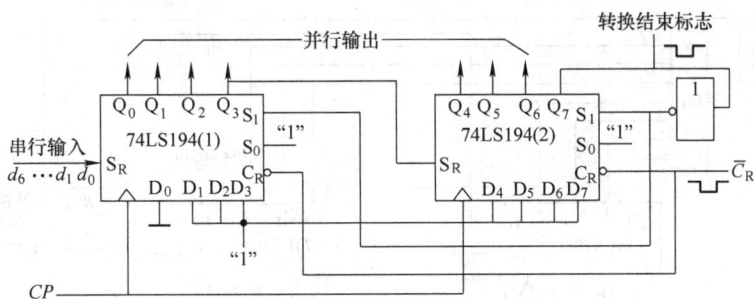

图 3.12.3　7 位串、并行数据转换电路

转换前，$\overline{C_R}$ 端加低电平，使 1、2 两片寄存器的内容清 0，此时 $S_1 S_0 = 11$，寄存器执行并行输入工作方式。当第一个 CP 脉冲到来后，寄存器的输出状态 $Q_0 \sim Q_7$ 为 01111111，与此同时 $S_1 S_0$ 变为 01，转换电路变为执行串入右移工作方式，串行输入数据由 1 片的 S_R 端加入、随着 CP 脉冲的依次加入，输出状态的变化可列成表 3.12.3。

表 3.12.3　寄存器的输出状态表

CP	Q_0	Q_1	Q_2	Q_3	Q_4	Q_5	Q_6	Q_7	说明
0	0	0	0	0	0	0	0	0	清零
1	0	1	1	1	1	1	1	1	送数
2	d_0	0	1	1	1	1	1	1	右
3	d_1	d_0	0	1	1	1	1	1	移
4	d_2	d_1	d_0	0	1	1	1	1	操
5	d_3	d_2	d_1	d_0	0	1	1	1	作
6	d_4	d_3	d_2	d_1	d_0	0	1	1	七
7	d_5	d_4	d_3	d_2	d_1	d_0	0	1	次
8	d_6	d_5	d_4	d_3	d_2	d_1	d_0	0	
9	0	1	1	1	1	1	1	1	送数

由表 3.12.3 可见，右移操作 7 次之后，Q_7 变为 0，$S_1 S_0$ 又变为 11。说明串行输入结束。这时，串行输入的数码已经转换成了并行输出了。当再来一个 CP 脉冲时，电路又重新执行一次并行输入，为第二组串行数码转换做好了准备。

② 并行/串行转换器。并、串行转换是指并行输入的数码经转换电路之后，换成串行输出。

图 3.12.4 所示是用两片 74LS194 组成的 7 位并、串行转换电路，它比图 3.12.3 多了两只与非门 G_1 和 G_2，电路工作方式同样为右移。

寄存器清 "0" 后，加一个转换起动信号（负脉冲或低电平）。此时，由于方式控制 $S_1 S_0$ 为 11，转换电路执行并行输入操作。当第一个 CP 脉冲到来后，$Q_0 Q_1 Q_2 Q_3 Q_4 Q_5 Q_6 Q_7$ 的状态为 $D_0 D_1 D_2 D_3 D_4 D_5 D_6 D_7$，并行输入数码存入寄存器。从而使得 G_1 输出为 "1"，G_2 输出为 "0"，结果 $S_1 S_0$ 变为 01，转换电路随着 CP 脉冲的加入，开始执行右移串行输出，随着 CP 脉冲的依次加入，输出状态依次右移，待右移操作七次后，$Q_0 \sim Q_7$ 的状态都为高电平 "1"，与非门 G_1 输出为低电平，G_2 门输出为高电平，$S_1 S_0$ 又变为 11，表示并、串行转换结

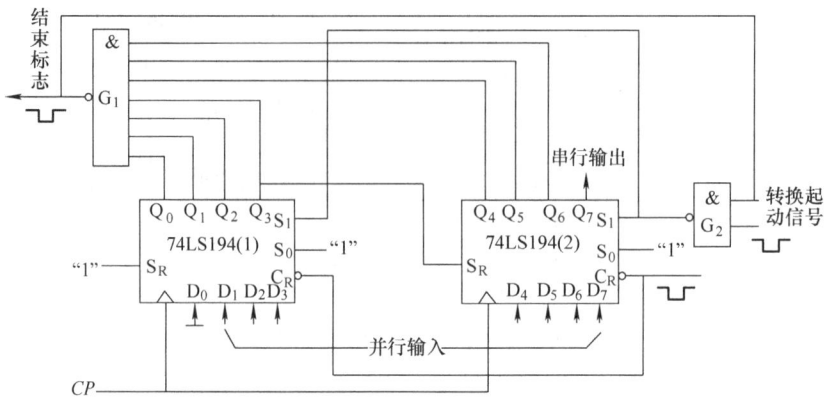

图 3.12.4　7 位并行/串行转换电路

束。且为第二次并行输入创造了条件。转换过程见表 3.12.4。

表 3.12.4　寄存器状态转换

CP	Q_0	Q_1	Q_2	Q_3	Q_4	Q_5	Q_6	Q_7	串 行 输 出						
0	0	0	0	0	0	0	0	0							
1	0	D_1	D_2	D_3	D_4	D_5	D_6	D_7							
2	1	0	D_1	D_2	D_3	D_4	D_5	D_6	D_7						
3	1	1	0	D_1	D_2	D_3	D_4	D_5	D_6	D_7					
4	1	1	1	0	D_1	D_2	D_3	D_4	D_5	D_6	D_7				
5	1	1	1	1	0	D_1	D_2	D_3	D_4	D_5	D_6	D_7			
6	1	1	1	1	1	0	D_1	D_2	D_3	D_4	D_5	D_6	D_7		
7	1	1	1	1	1	1	0	D_1	D_2	D_3	D_4	D_5	D_6	D_7	
8	1	1	1	1	1	1	1	0	D_1	D_2	D_3	D_4	D_5	D_6	D_7
9	0	D_1	D_2	D_3	D_4	D_5	D_6	D_7							

中规模集成移位寄存器，其位数往往以 4 位居多，当需要的位数多于 4 位时，可把几片移位寄存器用级联的方法来扩展位数。

4. 实验内容与步骤

（1）测试 74LS194 的逻辑功能　按图 3.12.5 所示接线，$\overline{C}_R$、S_1、S_0、S_L、S_R、D_0、D_1、D_2、D_3 分别接至逻辑开关的输出插口。Q_0、Q_1、Q_2、Q_3 接至发光二极管输入插口。CP 端接单次脉冲源，按表 3.12.5 所规定的状态，逐项进行测试。

1）清除：令 $\overline{C}_R = 0$，其他输入均为任意态，这时寄存器输出 Q_0、Q_1、Q_2、Q_3 应均为 0。清除后，置 $\overline{C}_R = 1$。

2）送数：令 $\overline{C}_R = S_1 = S_0 = 1$，送入任意 4 位二进制数，如 $D_0 D_1 D_2 D_3 = abcd$，加 CP 脉冲，观察 $CP = 0$、CP 由 $0 \rightarrow 1$、CP 由 $1 \rightarrow 0$ 三种情况下寄存器输出状态的变化，观察寄存器输出状态变化是否发生在 CP 脉冲的上升沿。

3）右移：清零后，令 $\overline{C}_R = 1$，$S_1 = 1$，$S_0 = 0$，由右移输入端 S_L 送入二进制数码，如 0100，由 CP 端连续加 4 个脉冲，观察输出情况，记录之。

4）左移：先清零或预置，再令 $\overline{C}_R = 1$，$S_1 = 0$，$S_0 = 1$，由左移输入端 S_L 送入二进制数码，如 1111，连续加 4 个脉冲，观察输出端情况，记录之。

5）保持：寄存器预置任意 4 位二进制数码 $abcd$，令 $\overline{C}_R = 1$，$S_1 = S_0 = 0$，加 CP 脉冲，观察寄存器输出状态，记录之。

（2）环形计数器　自拟实验电路用并行送数法预置寄存器为某二进制数码（如 0100），然后进行右移循环，观察寄存器输出端状态的变化，记入表 3.12.6 中。

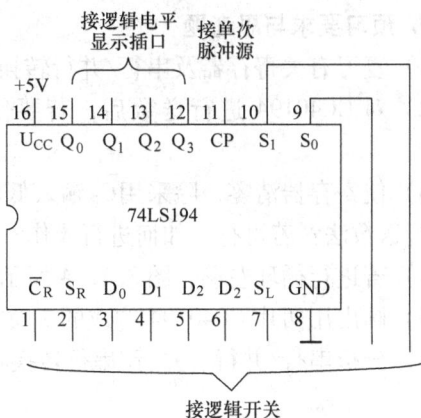

图 3.12.5　74LS194 逻辑功能测试

表 3.12.5　寄存器输出端状态

清除	模式		时钟	串行		输入				输出				功能
$\overline{C}_R$	S_1	S_0	CP	S_L	S_R	D_0	D_1	D_2	D_3	Q_0	Q_1	Q_2	Q_3	总结
0	×	×	×	×	×	×	×	×	×					
1	1	1	↑	×	×	a	b	c	d					
1	0	1	↑	×	0	×	×	×	×					
1	0	1	↑	×	1	×	×	×	×					
1	0	1	↑	×	0	×	×	×	×					
1	0	1	↑	×	0	×	×	×	×					
1	1	0	↑	1	×	×	×	×	×					
1	1	0	↑	1	×	×	×	×	×					
1	1	0	↑	1	×	×	×	×	×					
1	1	0	↑	1	×	×	×	×	×					
1	0	0	↑	×	×	×	×	×	×					

表 3.12.6　寄存器输出端状态

CP	Q_0	Q_1	Q_2	Q_3
0	0	1	0	0
1				
2				
3				
4				

（3）实现数据的串、并行转换

1）串行输入、并行输出。按图 3.12.3 接线，进行右移串入、并出实验，串入数码自定；改接电路用左移方式实现并行输出。自拟表格，记录之。

2）并行输入、串行输出。按图 3.12.4 接线，进行右移并入、串出实验，并入数码自定。再改接电路用左移方式实现串行输出。自拟表格，记录之。

5. 预习要求与思考题

1）复习有关寄存器及串行/并行转换器有关内容。

2）对 CC40194 进行送数后，若要使输出端改成另外的数码，是否一定要使寄存器清零？

3）使寄存器清零，除采用 $\overline{C_R}$ 输入低电平外，是否可采用右移或左移的方法？是否可使用并行送数法？若可行，如何进行操作？

4）若进行循环左移，图 3.12.4 所示接线应如何改接？

5）画出用两片 CC40194 构成的 7 位左移串行/并行转换器电路。

6）分析串行/并行、并行/串行转换器所得结果的正确性。

3.13 计数、译码、显示电路

1. 实验目的

1）学习集成计数器 74LS161 的逻辑功能及使用方法。

2）了解七段显示译码器和七段显示器的使用和检测方法。

3）掌握用反馈置零法和反馈置数法设计任意进制计数器的方法。

4）学习 74LS48 译码器辅助输入端功能的测试。

2. 实验设备

1）电子技术教学实验台。

2）计数器 74LS161、2 输入与非门 74LS00，共阴极译码器 74LS48 和数码管 CD5011。

3. 实验原理

1）74LS161 是可预置数的 4 位同步二进制计数器，引脚排列如图 3.13.1 所示，RC 为进位输出端。

74LS161 功能表见表 3.13.1，表中"↑"表示脉冲上升沿、"×"表示任意状态。

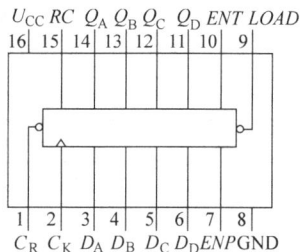

图 3.13.1 74LS161 引脚排列

表 3.13.1 74LS161 逻辑功能表

C_K	C_R	$LOAD$	ENP	ENT	工作状态
×	0	×	×	×	置零
↑	1	0	×	×	预置数
×	1	1	0	1	保持
×	1	1	×	0	保持（但 $RC=0$）
↑	1	1	1	1	计数

2）8421 码十进制数译码器 74LS48 的功能。74LS48 是七段显示译码器，其功能是将输入端的 4 位二进制代码译成驱动七段数码管显示所需的电平信号，使之显示出 0 ~ 9 的十进制数。74LS48 引脚排列如图 3.13.2 所示。

74LS48 是配用共阴极数码管的，其电路由两部分组成：

① 七段译码驱动电路。将一组 8421 码译成一组七段显示器所要求的驱动信号，驱动数

码管显示。

②辅助控制电路：

$\overline{LT}$：灯测试输入信号。只要令 $\overline{LT} = 0$，无论此时输入任何代码，被驱动的数码管各段都同时点亮，来检查该数码管各段能否正常发光。

$BI/\overline{RBO}$：灭灯输入。使被驱动的数码管各段同时熄灭。

$\overline{RBI}$：灭零输入。设置灭零输入目的是为了能将不希望显示的零熄灭。

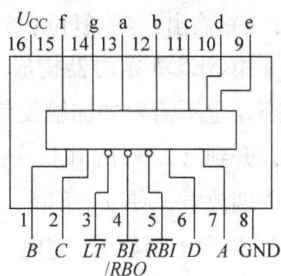

图 3.13.2　74LS48 引脚排列

例如，有一个 8 位数码显示电路，整数部分为 5 位，小数部分为 3 位，在显示 13.7 时将出现 00013.700 字样，如果将前后多余的 0 熄灭，则显示的结果将更加醒目。

4. 实验内容与步骤

1）用十六进制计数器 74LS161、共阴极译码器 74LS48 和数码管 CD5011 构成任意进制（0 ~ 9）的计数、译码显示电路。

2）74LS48 译码器辅助输入端功能测试。

5. 预习要求与思考题

1）复习计数器、译码器、显示器的有关内容。

2）画出十进制计数译码显示电路的电路。

3）拟出实验内容所需的测试表格。

4）自己设计一个方案，使数码管以每 2s 一次的频率显示一个 "8" 字，说明如何实现。

3.14　多谐振荡器

1. 实验目的

1）熟悉 NE555 集成定时器的功能和基本使用方法。

2）学习用 NE555 定时器构成多谐振荡器的方法和原理。

2. 实验设备

1）电子技术教学实验台。

2）示波器。

3）NE555 定时器。

3. 实验原理

NE555 定时器是一种模拟电路与数字电路相结合的集成电路，采用不同的外部接法，可获得多种功能，例如双稳态触发器、单稳态触发器、多谐振荡器以及施密特触发器等，用途非常广泛。NE555 定时器引脚排列如图 3.14.1 所示。

NE555 定时器各引脚功能如下：1—接地；2—低触发

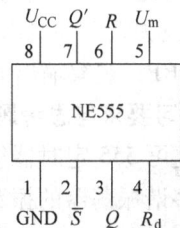

图 3.14.1　NE555 定时器引脚排列

端；3—输出；4—复位；5—电压控制端；6—高触发端；7—放电端；8—电源正端。

用 NE555 定时器构成多谐振荡器电路如图 3.14.2a 所示。电路没有稳态，只有两个暂稳态，也不需要外加触发信号，利用电源 U_{CC} 通过 R_1 和 R_2 向电容器 C_1 充电，使 u_{C1} 逐渐升高，升到 $(2/3)U_{CC}$ 时，u_o 跳变到低电平，放电晶体管导通，这时，电容器 C_1 通过电阻 R_2 和 7 端放电，使 u_{C1} 下降，降到 $(1/3)U_{CC}$ 时，u_o 跳变到高电平，7 端截止，电源 U_{CC} 又通过 R_1 和 R_2 向电容器 C_1 充电。如此循环，连续振荡，电容器 C_1 在 $(1/3)U_{CC}$ 和 $(2/3)U_{CC}$ 之间充电和放电，这样周而复始，就可在输出端得到连续的矩形脉冲。其波形如图 3.14.2b 所示。

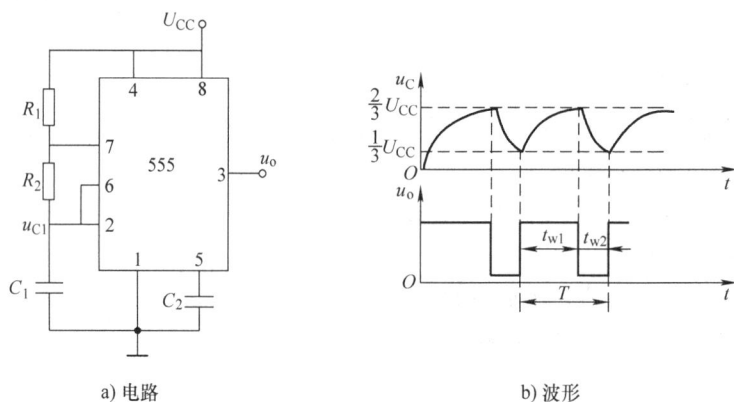

a) 电路　　　　　　　　　b) 波形

图 3.14.2　多谐振荡器及波形

输出信号 u_o 的脉宽 t_{w1}、t_{w2}、周期 T 的计算公式如下：

$$t_{w1} = 0.7(R_1 + R_2)C_1, \quad t_{w2} = 0.7R_2C_1$$
$$T = t_{w1} + t_{w2} = 0.7(R_1 + 2R_2)C_1$$

4. 实验内容与步骤

多谐振荡器实验电路如图 3.14.3 所示。

图 3.14.3 中，RP、R_1、R_2、C_1 为外接定时元件，其中 $R_{RP} = 10\text{k}\Omega$，$R_1 = 1\text{k}\Omega$，$R_2 = 10\text{k}\Omega$，$C_1 = 0.1\mu\text{F}$，$C_2 = 0.01\mu\text{F}$。根据所给参数计算出 RP 值为最大和最小时电路的谐振频率。

按图 3.14.3 接线，电源电压为 5V。用示波器观察 u_{C1}、u_o 点波形并记录当 RP 值为最大和最小时各波形的幅度及各波形之间相位关系，并测出其频率。

调节 RP，观察输出波形的频率及占空比的变化。

5. 预习要求与思考题

1）复习 555 定时器组成的多谐振荡器的工作原理。

2）多谐振荡器的振荡频率主要由哪些元件决定。

3）555 定时器的 5 端所接电容起什么作用？

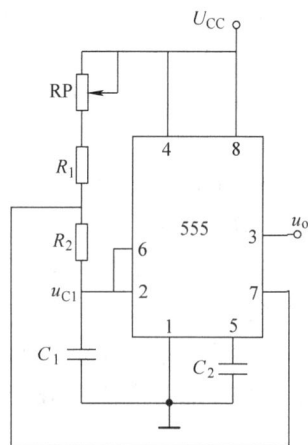

图 3.14.3　多谐振荡器实验电路

3.15　D - A 和 A - D 转换器

1. 实验目的

1）了解 D - A 和 A - D 转换器的基本工作原理和基本结构。

2）掌握大规模集成 D - A 和 A - D 转换器的功能及其典型应用。

2. 实验设备

1）电子技术教学实验台。

2）双踪示波器。

3）集成块 DAC0832、ADC0809、μA741。

4）电位器、电阻和电容若干。

3. 实验原理

把模拟量转换为数字量，称为模 - 数转换器（A - D 转换器，简称 ADC）；把数字量转换成模拟量，称为数 - 模转换器（D - A 转换器，简称 DAC）。完成这种转换的电路有多种，特别是单片大规模集成 A - D、D - A 转换器问世，为实现上述的转换提供了极大的方便，使用者借助手册提供的器件性能指标及典型应用电路即可正确使用这些器件。本实验将采用大规模集成电路 DAC0832 实现 D - A 转换，采用 ADC0809 实现 A - D 转换。

（1）D - A 转换器 DAC0832　DAC0832 是由双缓冲寄存器和 $R - 2R$ 梯形 D - A 转换器组成的 CMOS 单片电流输出型 8 位数 - 模转换器。DAC0832 的逻辑框图及引脚排列如图 3.15.1 所示。

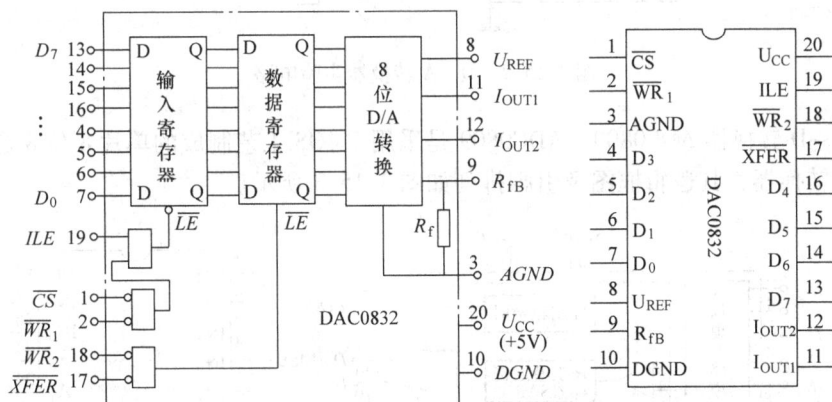

图 3.15.1　DAC0832 单片 D - A 转换器逻辑框图及引脚排列

一个 8 位的 D - A 转换器，有 8 个输入端，每个输入端是 8 位二进制数的 1 位；有一个模拟输出端，输入可有 $2^8 = 256$ 个不同的二进制组态，输出为 256 个电压之一，即输出电压不是整个电压范围内的任意值，而只能是 256 个可能值。

DAC0832 的引脚功能说明如下：

$D_0 \sim D_7$：8 位数据输入端，D_0 是最低位，D_7 是最高位；

ILE：输入寄存器的锁存信号，高电平有效；

$\overline{CS}$：片选信号，低电平有效，与 ILE 共同作用，对 $\overline{WR}_1$ 信号进行控制；

$\overline{WR_1}$：写信号 1，低电平有效；

$\overline{XFER}$：传送控制信号，低电平有效；

$\overline{WR_2}$：写信号 2，低电平有效；

I_{OUT1}、I_{OUT2}：DAC 电流输出；

R_f：反馈电阻，是集成在片内的外接运算放大器的反馈电阻；

U_{REF}：基准电压为 $-10 \sim +10V$；

U_{CC}：电源电压为 $+5 \sim +15V$；

$AGND$：模拟接地，$NGND$：数字接地，可接在一起用。

DAC0832 输出的是电流，要转换为电压，还必须经过一个外接的运算放大器，实验电路如图 3.15.2 所示。

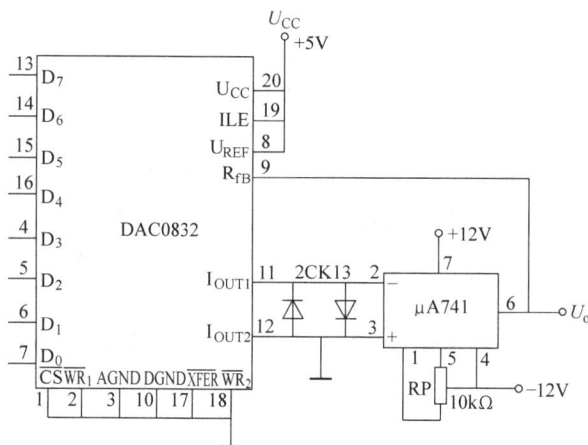

图 3.15.2 D – A 转换器实验电路

（2）A – D 转换器 ADC0809 ADC0809 是采用 CMOS 工艺制成的单片 8 位 8 通道逐次渐近型模 – 数转换器，其逻辑框图及引脚排列如图 3.15.3 所示。

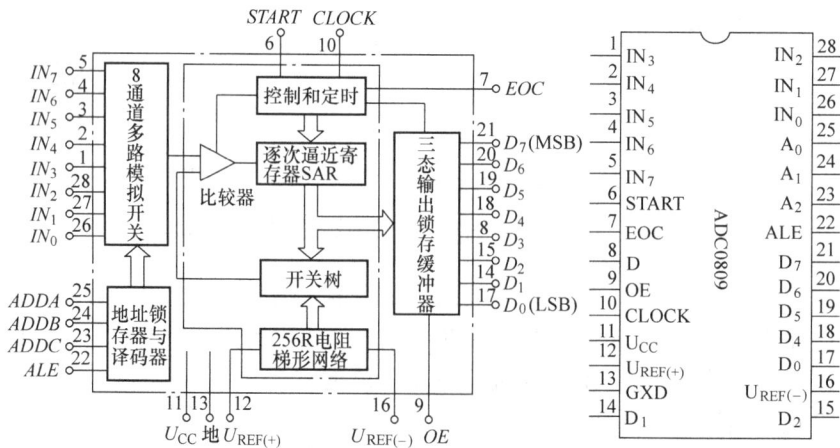

图 3.15.3 A – D 转换器 ADC0809 逻辑框图及引脚排列

ADC0809 的核心部分是 8 位 A - D 转换器，它由比较器、逐次渐近寄存器、D - A 转换器及控制和定时 5 部分组成。

ADC0809 的引脚功能说明如下：

$IN_0 \sim IN_7$：8 路模拟信号输入端；

A_2、A_1、A_0：地址输入端；

ALE：地址锁存允许输入信号，在此引脚加正脉冲，上升沿有效，此时锁存地址码，从而选通相应的模拟信号通道，以便进行 A - D 转换；

$START$：启动信号输入端，当此引脚加正脉冲，在上升沿到达时，内部逐次渐近寄存器复位，在下降沿到达后，开始 A - D 转换过程；

EOC：转换结束输出信号（转换结束标志），高电平有效；

OE：输入允许信号，高电平有效；

$CLOCK$（CP）：时钟脉冲输入端，外接时钟频率一般为 640kHz；

U_{CC}：+5V 单电源供电；

U_{REF}（+）、U_{REF}（-）：基准电压的正极、负极。一般 U_{REF}（+）接 +5V 电源，U_{REF}（-）接地；

$D_7 \sim D_0$：数字信号输出端。

1）模拟量输入通道选择。8 路模拟开关由 A_2、A_1 和 A_0 三个地址输入端来选通 8 路模拟信号中的任何一路并进行 A - D 转换。地址译码与模拟输入通道的选通关系见表 3.15.1。

表 3.15.1　ADC0809 输入与输出状态

被选模拟通道		IN_0	IN_1	IN_2	IN_3	IN_4	IN_5	IN_6	IN_7
地址	A_2	0	0	0	0	1	1	1	1
	A_1	0	0	1	1	0	0	1	1
	A_0	0	1	0	1	0	1	0	1

2）A - D 转换过程。在启动端（$START$）加启动脉冲（正脉冲），A - D 转换即开始工作。如将启动端（$START$）与转换结束端（EOC）直接相连，则转换是连续的，在用这种转换方式时，开始时应在外部加启动脉冲。

4. 实验内容与步骤

（1）D - A 转换器（DAC0832）

1）按图 3.15.2 所示电路接线，电路接成直通方式，即 $\overline{CS}$、$\overline{WR_1}$、$\overline{XFER}$ 和 $\overline{WR_2}$ 接地；ALE、U_{CC} 和 U_{REF} 接 +5V 电源；运算放大器电源接 ±15V；$D_0 \sim D_7$ 接逻辑开关的输出插口，输出端 U_o 接直流数字电压表。

2）调零，令 $D_0 \sim D_7$ 全置零，调节运算放大器的电位器使 μA741 输出为零。

3）按表 3.15.2 所列的输入数字信号，用数字电压表测量运算放大器的电压 U_o，将测量结果填入表中，并与理论值进行比较。

表 3.15.2　DAC0832 数 – 模转换实验数据

输入数字量								输出模拟量 U_o/V
D_7	D_6	D_5	D_4	D_3	D_2	D_1	D_0	$U_{CC} = +5V$
0	0	0	0	0	0	0	0	
0	0	0	0	0	0	0	1	
0	0	0	0	0	0	1	0	
0	0	0	0	0	1	0	0	
0	0	0	0	1	0	0	0	
0	0	0	1	0	0	0	0	
0	0	1	0	0	0	0	0	
0	1	0	0	0	0	0	0	
1	0	0	0	0	0	0	0	
1	1	1	1	1	1	1	1	

（2）A – D 转换器（ADC0809）

按图 3.15.4 所示电路接线：

1）8 路输入模拟信号 1 ~ 4.5V 是由 +5V 电源经电阻 R 分压而成；变换结果 D_0 ~ D_7 接逻辑电平显示器输入插口；CP 时钟脉冲由计数脉冲源提供，取 $f = 100Hz$；A_0 ~ A_2 地址端接逻辑电平输出插口。

2）接通电源后，在启动端（START）加一正单次脉冲，下降沿一到即开始 A – D 转换。

3）按表 3.15.3 的要求观察、记录 IN_0 ~ IN_7 的 8 路模拟信号的转换结果，将转换结果换算成十进制

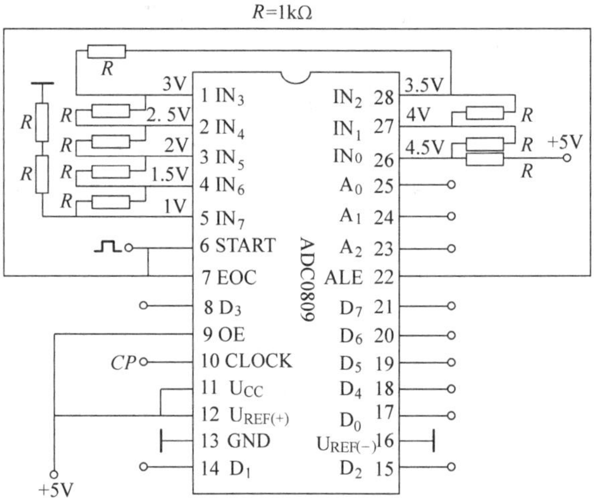

图 3.15.4　ADC0809 实验电路

数表示的电压值，并与数字电压表实测的各路输入电压值进行比较，分析误差原因。

表 3.15.3　ADC0809 模数转换实验数据

被选模拟通道	输入模拟量	地址	输出数字量								
IN	U_i/U	$A_2 A_1 A_0$	D_7	D_6	D_5	D_4	D_3	D_2	D_1	D_0	十进制
IN_0	4.5	0 0 0									
IN_1	4.0	0 0 1									
IN_2	3.5	0 1 0									
IN_3	3.0	0 1 1									
IN_4	2.5	1 0 0									

（续）

被选模拟通道	输入模拟量	地址	输出数字量							
IN_5	2.0	1　0　1								
IN_6	1.5	1　1　0								
IN_7	1.0	1　1　1								

5. 预习要求与思考题

1）复习 A－D、D－A 转换器的工作原理。

2）熟悉 ADC0809、DAC0832 各引脚功能及其使用方法。

3）要使图 3.15.2 中运算放大器输出电压的极性反向，应采取什么措施？

4）数－模转换器的转换精度与什么因素有关？

第 4 章 综合性和设计型实验

4.1 电气控制电路的设计、安装简介

4.1.1 电气控制系统的组成

在电力拖动自动控制系统中，电气控制系统一般由下面 4 个部分组成：

1）输入环节：控制电路的指令和控制信号由输入环节输入。

2）中间控制环节：根据生产工艺要求，对各控制信号及其动作的记忆与联锁，以及控制信号与被控对象的联系和联锁、各被控对象之间的相互联系与制约、各工作程序之间的联系与转换。

3）执行环节：直接控制被控对象的动作和进行工作的部分。

4）控制对象：带动生产机械运动的部件。

这 4 个部分是与生产机械的工艺要求紧密联系在一起的，不能截然分开它们。任何复杂的电路总是由一些基本控制环节、基本控制电路和保护环节并根据生产工艺要求，按照一定的规律组合起来的。

4.1.2 电气控制系统设计的一般要求

生产机械的运动是根据生产工艺要求进行的，因此设计电气控制系统首先应满足生产工艺所提出的要求，并采用简捷有效的环节逐个加以实现。所设计的电路结构要简单、操作和维护要方便、能长期安全可靠地工作，而且电路要有保护装置和防止发生故障的环节，设备投资要少等特点。因此，正确地设计控制电路、合理地选择电器元件是控制系统设计所必须掌握的技巧。

1. 控制电路中各种常见的保护名词解释

电气设备在发生故障情况下，应保护操作人员的安全、防止生产机械和电气设备的损坏或生产加工过程出现工件报废。常见保护措施有短路、过载、过电流、零电压、欠电压、失磁（直流电动机）、终端、联锁、互锁保护等。

1）短路保护：当电动机绕组和导线的绝缘损坏时，或者控制电器及线路损坏发生故障时，电路将出现短路现象，产生很大的短路电流，使电动机、电器、导线等电气设备严重损坏。因此，在发生短路故障时，保护电器必须立即动作，迅速将电源切断。

常用的短路保护电器是熔断器和自动空气断路器。熔断器的熔体与被保护的电路串联，当电路正常工作时，熔断器的熔体不起作用，相当于一根导线，其上面的压降很小，可忽略不计。当电路短路时，很大的短路电流流过熔体，使熔体立即熔断，切断电动机电源，使电动机停转。同样，若电路中接入自动空气断路器，当出现短路时，自动空气断路器会立即动作，切断电源使电动机停转。

2）过载保护：当电动机负载过大，起动操作频繁或断相运行时，会使电动机的工作电流长时间超过其额定电流，电动机绕组过热，温升超过其允许值，导致电动机的绝缘材料变脆，寿命缩短，严重时会使电动机损坏。因此，当电动机过载时，过载保护电器应动作切断电源，使电动机停转，避免电动机在过载下运行。

常用过载保护电器是热继电器。当电动机的工作电流等于额定电流时，热继电器不动作，电动机正常工作；当电动机短时过载或过载电流较小时，热继电器不动作，或经过较长时间才动作；当电动机过载电流较大时，串接在主电路中的热元件会在较短时内发热弯曲，使串接在控制电路中的常闭触点断开，先后切断控制电路和主电路的电源，使电动机停转。

3）欠电压保护：当电网电压降低时，电动机便在欠电压下运行。由于电动机载荷没有改变，所以欠电压下电动机转速下降，定子绕组中的电流增加。但电流增加的幅度尚不足以使熔断器和热继电器动作，所以这两种电器起不到保护作用，如不采取保护措施，时间一长将会使电动机过热损坏。另外，欠电压将引起一些电器释放，使电路不能正常工作，也可能导致人身伤害和设备损坏事故。因此，应避免电动机在欠电压下运行。

实现欠电压保护的电器是接触器和电磁式电压继电器。在机床电气控制电路中，只有少数电路专门装设了电磁式电压继电器起欠电压保护作用；大多数控制电路，由于接触器已兼有欠电压保护功能，所以不必再加设欠电压保护电器。一般而言，当电网电压降低到额定电压的85%以下时，接触器（或电压继电器）线圈产生的电磁吸力会减小到小于复位弹簧的拉力，这时动铁心被释放，其主触点和自锁触点同时断开，切断主电路和控制电路电源，使电动机停转。

4）失电压保护（零电压保护）：生产机械在工作时，由于某种原因发生电网突然停电，这时电源电压下降为零，电动机停转，生产机械的运动部件随之停止转动。一般情况下，操作人员不可能及时拉开电源开关，如不采取措施，当电源恢复正常时，电动机会自行起动运转，很可能造成人身伤害和设备损坏事故，并引起电网过电流和瞬间网络电压下降。因此，必须采取失电压保护措施。

在电气控制电路中，起失电压保护作用的电器是接触器和中间继电器。当电网停电时，接触器和中间继电器线圈中的电流消失，电磁吸力减小为零，动铁心释放，触点复位，切断了主电路和控制电路电源。当电网恢复供电时，若不重新按下起动按钮，则电动机就不会自行起动，实现了失电压保护。

5）过电流保护：为了限制电动机的起动或制动电流，在直流电动机的电枢绕组中或在交流绕线转子异步电动机的转子绕组中需要串入附加的限流电阻。如果在起动或制动时，附加电阻被短接，将会造成很大的起动或制动电流，使电动机或机械设备损坏。因此，对直流电动机或绕线转子异步电动机常常采用过电流保护。

过电流保护常用电磁式过电流继电器来实现。当电动机过电流值达到电流继电器的动作值时，继电器动作，使串接在控制电路中的常闭触点断开，切断控制电路，电动机随之脱离电源停转，达到了过电流保护的目的。

6）失磁保护：直流电动机必须在一定强度的磁场下才能正常起动和运转。若在起动时，电动机的励磁电流很小，产生的磁场太弱，将会使电动机的起动电流很大；若电动机在正常运转过程中，磁场突然减弱或消失，电动机的转速将会迅速升高，甚至发生"飞车"。因此，在直流电动机的电气控制电路中要采取失磁保护。失磁保护是在电动机励磁回路中串入失磁继电器（即欠电流继电器）来实现的。在电动机起动和运转过程中，当励磁电流值达到失磁继电器的动作值时，继电器就吸合，使串接在控制电路中的常开触点闭合，允许电动机起动或维持正常运转；但当励磁电流减小很多或消失时，失磁继电器就释放，其常开触点断开，切断控制电路，接触器线圈失电，电动机断电停转。

2. 电气控制电路设计方法

电气控制电路的设计方法通常有两种：一种是经验设计法，它是根据生产工艺要求，直接设计控制电路；另一种是分析设计法，它是利用逻辑代数这一数学工具来进行设计，即将"通"、"断"、"开"、"关"这类相对立的矛盾抽象化，从而用数学分析法进行分析。

3. 电气控制电路设计顺序

电气控制电路一般先设计主电路，然后设计控制电路、信号检测、系统保护与报警、局部照明等电路。初步设计完成后，应当做仔细地检查，看电路是否符合设计要求、方案是否合理，并经过比较、化简、优化、校验与试运行，最后再电路定型。

4. 电气控制电路常用电压数值

交流电路：AC380V、AC220V 与 AC36V；

直流电路：DC220V、DC440V、DC48V 与 DC24V；

照明与信号指示电路：AC36V、AC12V 与 AC6.3V 等。

5. 设计电气控制电路时应注意的几个问题

1）应考虑到各控制元器件的实际位置，尽可能减少连接导线，提高工作的可靠性。

2）电磁线圈的串、并联问题。电器的线圈最好不要串联或并联连接。

3）寄生回路问题。所谓寄生回路是指控制电路中，在某种情况下出现了不应有的通电回路。

4）电路的竞争现象。

6. 绘制、识读电气控制电路原理图的原则

（1）原理图　原理图就是用来说明电气控制系统工作原理的电路图。它采用国家标准规定的图形符号和文字符号表示，将主电路与辅助电路相互分开，并按各电气元器件工作顺序排列，详细表示控制装置、电路的基本构成和连接关系。

（2）原理图中主要部分与绘制要求

1）原理图中一般分电源电路、主电路和辅助电路（包括控制电路、信号电路及照明电路）等部分。

2）电源电路画成水平线，三相交流电源相序 L_1、L_2 和 L_3 由上而下依次排列画出，中性线 N 和保护接地线 PE 画在相线之下。直流电源则正端在上，负端在下画出。电源开关要水平画出。

3）主电路是指受电的动力装置及保护电器，它通过的是电动机的工作电流，电流较大。主电路要垂直电源电路并画在原理图的左侧。

4）控制电路是指控制主电路工作状态的电路，信号电路是指显示主电路工作状态的电路，照明电路是指实现机床设备局部照明的电路。这些电路通过的电流都较小，画原理图时，控制电路、信号电路、照明电路要跨接在两相电源线之间，依次垂直或平行画在主电路右侧，且电路中的耗能元件（如接触器的线圈、信号灯、照明灯等耗电元件）要画在电路的下方或右侧，而电器的触点应画在耗能元件的上方或左侧。

（3）绘制原理图时通常应遵守的几项原则

1）所有电机、电器等元器件都应采用国家统一规定的图形符号和文字符号来表示。

2）原理图分主电路和辅助电路两部分。主电路通过的电流较大，用粗实线画，辅助电路电流较小，用细实线来画，在各导线间有电的联系时，必须在相连导线的线条交点处画一个圆点。

3）同一电器的不同部分，可以分散画在图中不同的部位，但要用同一文字符号标明，对于几个同类电器则用不同数字同一文字的符号表示。

4）在原理图中，所有继电器、接触器触点的状态均按电路未通电时的状态画，按钮、行程开关等机械开关按未受力作用时的状态画，即按常态来画；分析原理时，应从触点的常态位置出发。

5）为了安装和维修的方便，电动机和电器的各接线端子都要标号。主电路用英文字母+数字（单标或双标），每经过一个器件要换号；辅助电路用数字顺序标号。

6）具有循环运动的机构，应绘出工作循环图。

4.1.3　常用电器元器件的选择

设计好的控制电路，要使它能正常工作，还必须根据控制对象正确合理地选择电器元器件，这里主要介绍自动空气断路器、熔断器、接触器、热继电器、电流继电器等的选择。

1. 主熔断器的选取

保护单台长期工作的电动机　　$I_{N熔体}=(1.5\sim2.5)I_N$

式中　$I_{N熔体}$——熔体的额定电流；

　　　I_N——电动机的额定电流。

频繁起动的电动机　　　　　　$I_{N熔体}=(3\sim3.5)I_N$

多台（n 台）电动机　$I_{N熔体}\geq[(1.5\sim2.5)I_{Nmax}+I_{N(n-1)}]$

式中　I_{Nmax}——容量最大的电动机额定电流；

$I_{N(n-1)}$——其余电动机的额定电流之和。

2. 控制回路熔断器的选取

方法一　　　　　　　　　$I_N\geq0.4(I_{qmax}+I_{N(n-1)线圈})$

式中　I_{qmax}——线路中最大用电器或几个用电器同时起动时的吸引线圈的起动电流；

$I_{N(n-1)线圈}$——其余吸引线圈的额定电流之和。

方法二　由选定的交流接触器查该交流接触器的技术数据，可知其线圈的起动容量，按

$$I_N\geq\frac{0.4\times起动容量}{线圈额定电压}$$

选取。

3. 交流接触器选择

1）主触头额定电压应大于或等于负载回路电压。

2）额定电流应大于或等于被控回路的额定电流。

3）吸引线圈额定电压应与所在控制电路的电压一致。

4）若电动机频繁起动与转换，则接触器主触头向上一级选择。

5）也可以查机械产品目录，选择接触器（当电路电压为××伏时，把此接触器可以控

制的最大容量与实际电动机容量进行比较）。

4. 热继电器的选择

1）为可靠保护电动机，应使选择的热继电器保护特性即安秒特性位于电动机的过载特性之下，并尽可能地接近；

2）通常选择带三相结构的热继电器；

3）热元件的整定电流以被保护电动机的额定电流的（0.9~1.1）倍选取，通常取相等，即 1 倍。

5. 能耗制动直流电源确定

通过测量电动机的直流电阻并取直流电流为电动机空载电流的 3~4 倍，来估测直流电源值。

6. 自动空气断路器的选择

1）按自动空气断路器的额定电流不小于线路的计算电流来选取。

2）瞬时动作的过电流脱扣器的整定，应满足瞬时动作整定电流值不小于线路中的尖峰电流或电动机的起动电流。

7. 过电流继电器动作电流的整定

$$I_d \geqslant (1.2 \sim 1.3)I_q$$

式中　I_d——过电流继电器整定电流值；

I_q——电动机的起动电流［笼型异步电动机按 $I_q = (5 \sim 7)I_N$；线绕转异步电动机按 $I_q = (2 \sim 2.5)I_N$ 选取］。

8. 电动机供电导线截面积的估算

对于三相 380V 异步电动机供电导线截面积的选取（按环境温度为 35℃，导线为铝芯绝缘线，三根同穿一根套管敷设），速算公式如下：

2.5mm² 可配 5.5kW 以下电动机；4.0mm² 可配 8kW 电动机；6mm² 可配 11kW 电动机；10mm² 可配 15kW 电动机；16mm² 可配 22kW 电动机；25mm² 可配 30kW 电动机；35mm² 可配 40kW 电动机；50mm² 可配 55kW 电动机；70mm² 可配 75kW 电动机；95mm² 可配 90kW 电动机；120mm² 可配 100kW 电动机。

4.1.4　安装接线图的设计

为了具体安装接线、检查线路和排除故障，必须根据电路图（原理图），绘制安装接线图，安装接线图表明电气控制系统中各元器件的实际安装位置和接线情况（即表示电气设备或装置连接关系的一种简图）。

1. 电气元器件布局

1）电气元器件的布局应操作维护方便，以提高劳动效率。

2）应考虑维修工艺要求。

3）为便于配电箱与外线连接，端子排应布置在控制箱出线处。

2. 安装接线图绘图原则

1）安装接线图应表示出各电器的实际安装位置，同一电器的各元器件（如接触器的触头和线圈）要画在一起（凡是需要接线的部件端子都应绘出）；并且常用虚线框起来。

2）接线图中元器件的图形和文字符号以及端子的回路标号应与原理图上的一致。

3）控制箱（柜）内外的电气元器件之间的连线，应通过接线端子排进行连接。

4）走向相同的可以合并画成单线（单线法即总线法或线束法）。

5）应标明导线和走线管的型号、规格和尺寸。

6）主电路通过的电流较大，要用粗实线画，辅助电路流过的电流较小，用细实线画。

7）工程上安装接线图的画法，是将较复杂的电气控制系统的安装接线图采用简化接线图画法（即相对标号法）。所谓相对标号法，指两个相关电气元器件接线连接端子甲与乙用导线连接起来，在甲端用箭头标注指向乙端；在乙端用箭头标注指向甲端；同时在该元器件相应接线端子的图形符号旁边标注与原理图上相一致回路标号。这种标注方法的优点是，看到这个标号，就知道这根线连接到何处，便于今后查线。

3. 安装接线图具体示例

下面的示例是三相异步电动机手动起动定时停机控制电路的原理图及安装接线图。

1）原理图如图 4.1.1 所示。

工作原理：

按 $SB_2 \rightarrow KM_1$ 线圈得电并自锁 $\rightarrow KM_1$ 主触点闭合 $\rightarrow$ 电动机得电运行；

KT 得电 $\rightarrow$ 经延时 $\rightarrow KT$ 延时断开触点断开 $\rightarrow KM_1$、KT 线圈失电 $\rightarrow KM_1$ 主触点断开 $\rightarrow$ 电动机失电停止运行。

2）安装接线图如图 4.1.2 所示。

4.1.5　电气控制电路的安装与调试步骤

1. 元器件检查

1）安装接线前应对所使用的电气元器件逐个进行检查。

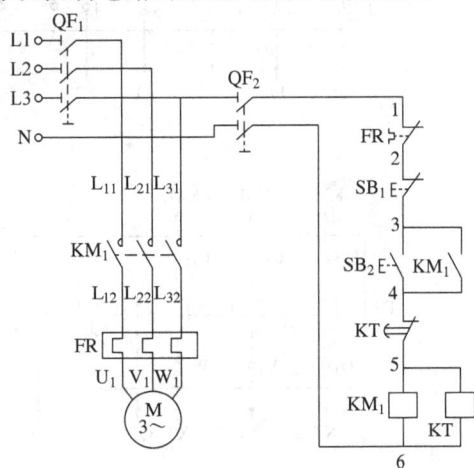

图 4.1.1　手动起动定时停机控制电路原理图

2）外观检查，外壳有无裂纹、零部件是否齐全。

3）电气元器件的电磁机构动作是否灵活、有无衔铁卡阻等。

4）用万用表查电磁线圈的通断情况。

5）触头有无熔焊、异物、变形。

2. 元器件安装

确定电气元器件安装位置，固定、安装电气元器件。

（1）电路安装

1）电路的安装应严格遵守工艺操作规程。

2）最好的接线方式是先根据安装接线图配线，配线后，应在每一线的两端穿上线号套管并编号，最后依据线号进行接线和捆绑、整形。

3）按图接线，注意接（配）线工艺。

（2）以线槽配线为例　电气控制箱配线工艺要求如下：

1）主电路用黄、绿、红三种颜色配线。

2）控制电路所有导线的截面积 $\geqslant 0.5 mm^2$ 时，必须用软线。

3）布线时，严禁损伤线芯和导线绝缘；各电气元器件接线端子引出导线的走向，以元

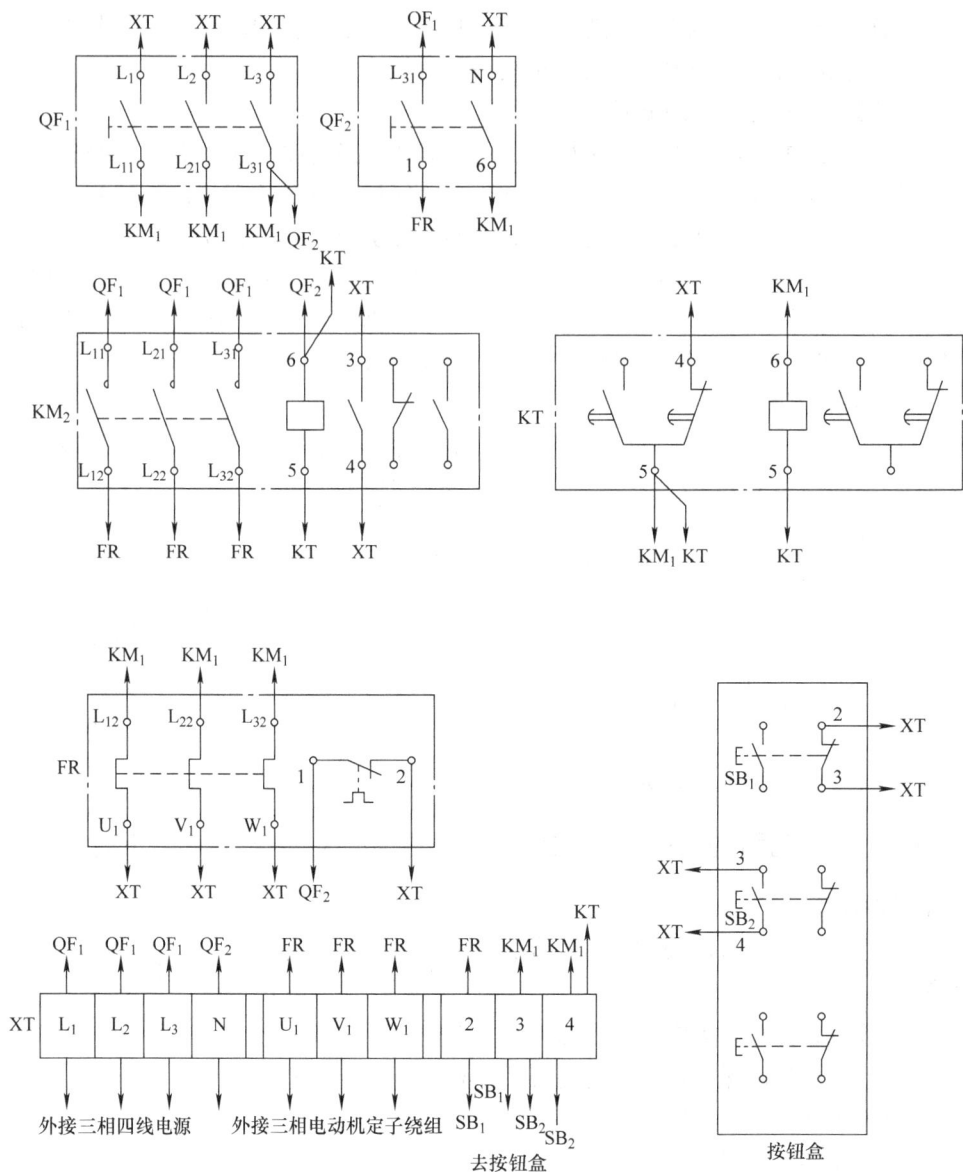

图 4.1.2　手动起动定时停机控制电路安装接线图

器件的水平中心线为界线，上端进入上线槽，下端进入下线槽，任何导线都不允许从水平方向进入走线槽内。

4）元器件之间连接一般不允许直接架空敷设；元器件与线槽之间的外露导线，应走线合理，并尽可能做到横平竖直，变换走向要垂直。

5）同一个元器件上位置一致的端子和同型号元器件中位置一致的端子上引出或引入的导线，应敷设在同一平面上，做到高低一致或前后一致，从而主看一条线、俯看一个面，不得交叉。

6）一般一个接线端子最多只能连接两根导线，单根导线应接在插孔的左侧，即与螺钉拧紧的方向一致。

7）主电路与控制电路的线号套管必须齐全，线号套管应套在每根导线的两端并靠近每个接线桩的出口处，对易混淆的线号如 6 与 9、16 与 91 要作记号加以区别。

（3）电路检查与参数调整　安装完毕的控制电路，必须经过认真检查，方可通电试车，以防止错接、漏接造成不能实现控制功能或短路事故。对初学者，宜断电检查线路，借助万用表电阻档来检测，以区分电路是否存在短路与断路故障。

1）主电路检测：从下至上，逐步测量线路相间两两电阻值并与正常值比较，判断电路是正常还是存在故障，故障出在何处并排除之。

2）控制电路检测：用万用表表笔点在控制回路电压端，先在未操作任何按钮时，测量控制回路两端电阻值；而后分别操作各控制按钮时对应测量控制回路的电阻值，以判断电路是正常还是某部分存在故障，或者是公共部分故障并排除之；排除故障时应根据原理图与安装接线图，可借助万用表报警档对回路标号进行逐点检测。

3）测试电气线路的绝缘电阻，用 500V 或 1000V 绝缘电阻表测量线路间绝缘电阻，所测绝缘电阻值应不小于 1MΩ；用绝缘电阻表来测定被测试品的吸收比和极化系数的方法来测试电动机，以判断电动机是否存在受潮、老化等缺陷。

4）检查每个接线桩头接线是否牢固、可靠。

5）按钮、信号灯等有颜色要求的电器是否与图样要求相符。

6）热电器、时间继电器、电流继电器、电压继电器应根据控制电路设计时所选电路的参数进行整定。

（4）通电试车　明确通电后线路应当产生什么样运行状态才能合上电源开关，按控制原理按动操作按钮，观察接触器动作情况是否正常，并符合电路功能要求，电动机是否平稳运行，若电动机不能正常起动或产生与预想的结果不一致时，应当立即切断电源。

4.1.6　考核评分

综合性实验考核评分标准见表 4.1.1。

表 4.1.1　综合性实验考核评分标准

项目		技术要求	配分	评分理由	扣分	得分
仪器、仪表使用情况		能按操作规程正确使用	10	使用不当、损坏		
控制电路配线情况	元件安装	元件布局合理、元件安装正确	10	布局不合理、不紧固；安装不正确		
	工艺质量	布线合理美观、接线牢固、电气接触良好、接头处理良好（或焊点好）	15	布线不合理、不美观；接线不牢固、电气接触不良（或焊点差）		
系统运行情况及故障处理	通电试车	按图接线、一次试车成功、接线正确	15	不按图接线（多接、漏接、错接）		
	故障检查与排除	工具、仪表、仪器使用正确；检查顺序正确、故障排除正确	15	工具、仪表、仪器使用不当；检查故障思路差、故障漏排、扩大故障		
电路设计合理性；创新性与文明生产		电路设计合理，有创新意识；遵守安全规定	15	设计不正确；不遵守各项安全规定		
综合实验报告		根据工程要求书写规范	20	不规范、抄袭		

4.1.7　绝缘电阻表（兆欧表）的使用

缘绝电阻表的组成：由磁电式比率表和手摇发电机加一定的测量电路组成（磁电式比率表特点，无吊丝，所以仪表在未测量时，指针停留在任意位置）。

1. 使用时应注意的事项

1）缘绝电阻表的选择（额定电压和测量范围的选择）。当被测设备额定电压小等于500V 时，选用 500V 或 1000V 缘绝电阻表；当被测设备额定电压大于 500V 时，选用 1000V或 2500V 缘绝电阻表；测量范围不要过多地超过仪表的测量范围。

2）被测设备必须与电源切断后才能测量。

3）测量前缘绝电阻表应自检（测开路电阻与短路电阻）。

4）摇速应尽量接近 120r/min。

5）正确读数。

2. 接线方法

缘绝电阻表有三个接线柱，线（L）、地（E）、屏（G），将被测设备接在 L 与 E 之间。（G）是用来屏蔽表面电流的，接法是在绝缘表面加一保护环，并接至（G）。

3. 对大容量的设备测量绝缘电阻时应特别注意的几点

1）设备必须充分放电。

2）接线时，应先接 E，待摇速均匀稳定时再接 L。

3）拆线时，继续摇动手摇发电机手柄，先松开 L，再松开 E。

4）测量完毕，对被测设备还应放电。

在用缘绝电阻表测定绝缘电阻时，还应了解用缘绝电阻表来测定被测试品的吸收比 K［表示 60s 的绝缘电阻值与 15s 的绝缘电阻值之比，一般要求 $K \geqslant (1.3 \sim 1.5)$］和极化系数 P［表示 10min 的绝缘电阻值与 1min 的绝缘电阻值之比，一般要求 $P \geqslant (1.5 \sim 2.0)$］的方法，以判断被测试品是否存在整体受潮、脏污或是存在贯通的集中性缺陷等。

4.1.8　综合性实验报告要求

对综合性实验报告有以下要求：

1）封面。
2）设计任务书。
3）方案选择与确定（含原理图、工作原理分析）。
4）元器件选择（含明细表）。
5）安装接线图的设计。
6）线路安装（含步骤）。
7）通电试车（含步骤）。
8）故障排除与分析。
9）参考文献。
10）心得体会。

4.2 电工技术部分选题参考

4.2.1 三相异步电动机丫–△起动控制系统的设计、安装与调试

1. 实验目的

1）认识常用的控制电器，了解它们的功能和使用。

2）掌握电气控制电路工程安装、故障分析和调试方法。

3）掌握绝缘电阻测量方法。

2. 实验要求

1）电路设计：某一生产线，电动机容量 >4kW，要求实现丫–△换接起动，电路应具有过载保护、短路保护、失电压保护和欠电压保护等。根据给出的电气要求，正确绘出电路原理图。按你所设计的电路原理图，列出主要材料清单。

2）元器件安装：正确利用工具和仪表，安装电气元器件，元器件在配线板上布置合理，安装准确、紧固。

3）接线：接线要求美观、紧固、无毛刺，导线要进线槽。电源和电动机配线、按钮接线要接到端子排上，进出线槽的导线，每根导线两端要有端子标号。

4）通电实验：正确使用电工工具及万用表，经过仔细检查后进行通电实验，注意人身和设备安全。

5）调试分析：出现故障，应根据电路原理、继电器动作状态、电动机运行情况分析并作出正确判断，直至排除故障。

3. 参考电路

1）用时间继电器转换星形–三角形（丫–△）起动控制电路如图4.2.1所示。

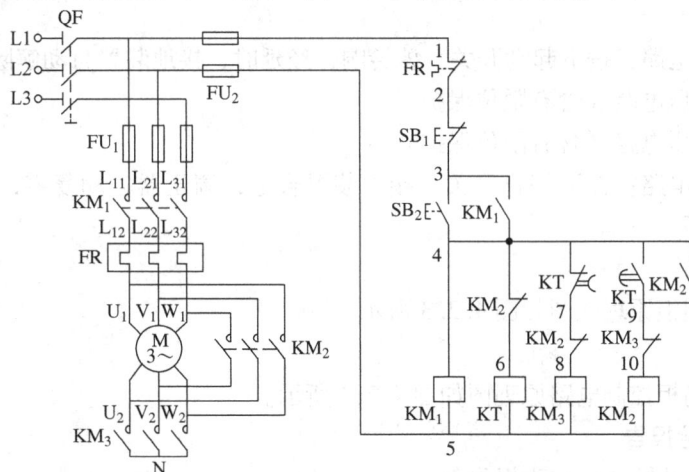

图4.2.1 时间继电器转换（丫–△）起动控制电路

2）按钮转换实现星形–三角形（丫–△）起动控制电路如图4.2.2所示。

4. 综合性实验报告

参见4.1.8小节综合性实验报告要求。

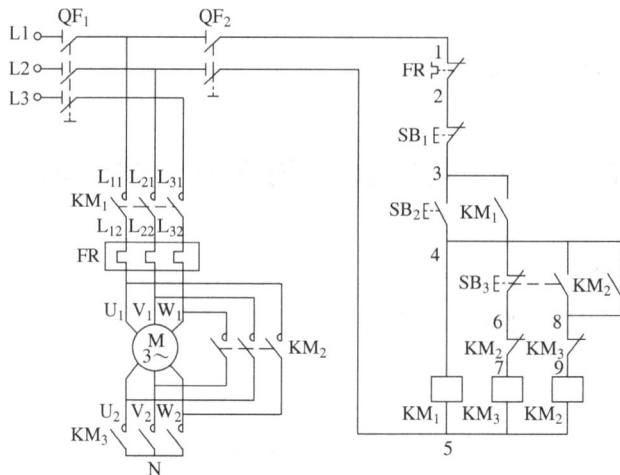

图 4.2.2　按钮转换（丫－△）起动控制电路

4.2.2　高压电源控制柜的控制电路

在高电压实验中，常需要一个电源控制柜，利用该柜去控制电动机的升降，从而去控制试验变压器的输出电压，以达到各种高电压实验所需的电压。

1. 实验目的

1）通过本项目的设计实践，学习并了解实际工程上高压电源控制柜的实用电路。

2）根据实际工艺要求，培养设计与安装控制电路的能力。

3）根据实际工程上遇到的各种现象，培养分析问题与解决实际问题的能力。

2. 实验要求

1）钥匙开关控制：控制柜必须插上特定的钥匙后，才能接通控制电源；同时调压器自动复零。

2）起动控制电路：按下起动开关，警铃响，经延时，接地装置自动解除。

3）电动机升压电路（含有限位保护）。

4）电动机降压电路（含有限位保护）。

5）停止控制电路：按下停止开关，接地装置合上，调压器自动复零，关掉钥匙开关，整个控制电路全停。

3. 原理框图

高压电源控制柜原理框图如图 4.2.3 所示。

4. 参考电路

高压电源控制柜控制电路原理图如图 4.2.4 所示。

5. 综合性实验报告

参见 4.1.8 小节综合性实验报告。

4.2.3　模仿工程背景的行车控制电路的设计、安装与调试

1. 实验目的

1）认识常用控制电器，了解它们的功能。

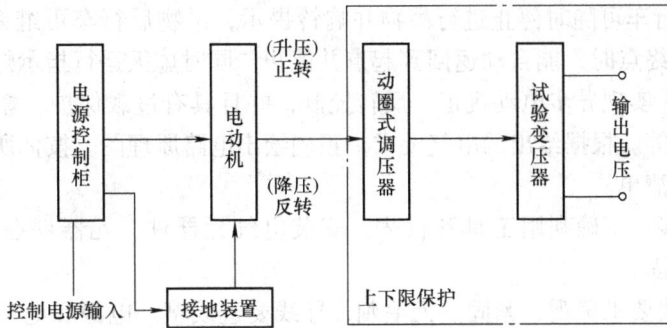

图 4.2.3 高压电源控制柜原理框图

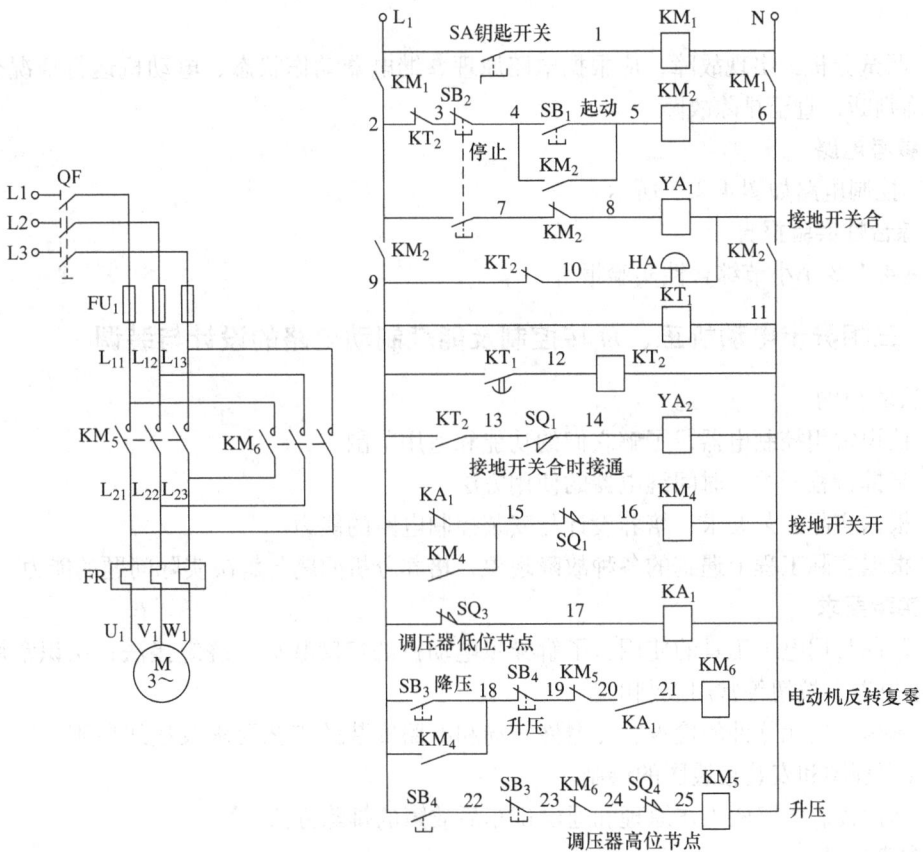

图 4.2.4 高压电源控制柜控制电路原理图

2）掌握行程开关、时间继电器的使用方法。

3）根据实际工艺要求，培养设计与安装控制电路的能力。

4）根据实际工程上遇到的各种现象，培养分析问题与解决实际问题的能力。

2. 实验要求

1）设计要求：现有一套行车设备，要求按下起动按钮，行车作水平方向移动，设从起点（左边）向终点（右边）运行，同时运行指示灯亮；在运行过程中，若有用户要求上

（下）吊货物时，行车可随时停止进行吊物并响铃提示，吊物后行车可继续向终点（右边）运行；当行车到达终点时，能自动返回到起点并停止，同时熄灭运行指示灯。

2）电路设计：实现异步电动机正、反转控制，并且具有过载保护、短路保护和失电压保护和欠电压保护等。根据给出的电气要求，正确绘出电路原理图。按你所设计的电路原理图，列出主要材料清单。

3）元器件安装：正确利用工具和仪表，安装电气元器件，元器件在配线板上布置合理，安装准确、紧固。

4）接线：接线要求美观、紧固、无毛刺，导线要进线槽。电源和电动机配线、按钮接线要接到端子排上，进出线槽的导线要有每个端子标号。

5）通电实验：正确使用电工工具及万用表，经过仔细检查后进行通电实验，注意安全。

6）调试分析：出现故障，应根据电路原理、继电器动作状态、电动机运行情况分析并作出正确判断，直至排除故障。

3. 参考电路

行车控制电路如图 4.2.5 所示。

4. 综合性实验报告

参见 4.1.8 小小节综合性实验报告。

4.2.4　三相异步电动机正、反转控制及能耗制动电路的设计与装调

1. 实验目的

1）认识常用控制电器，了解它们的功能和适用范围。

2）掌握行程开关、时间继电器的使用方法。

3）根据实际工艺要求，培养设计与安装控制电路的能力。

4）根据实际工程上遇到的各种故障现象，培养分析问题与解决实际问题的能力。

2. 实验要求

1）掌握常用电工工具的使用；了解异步电动机的铭牌数据、绕组接法；认识常用的接触器、继电器、按钮等常用控制电器。

2）掌握电气元器件的检查、元器件布局和电路安装的工艺要求及接线原则，熟悉控制系统电气原理图和安装接线图的绘制。

3）掌握控制电路的工作原理和通电试车后故障的排除方法。

3. 参考电路

能耗制动控制电路如图 4.2.6 所示。

4. 综合性实验报告

参见 4.1.8 小节综合性实验报告。

4.2.5　低压配电电路的安装

1. 实验目的

1）掌握照明电路安装的基本知识和技能。

2）了解照明电路的电计量、配电装置的基本原理及安装技能。

a) 主电路

b) 辅助电路

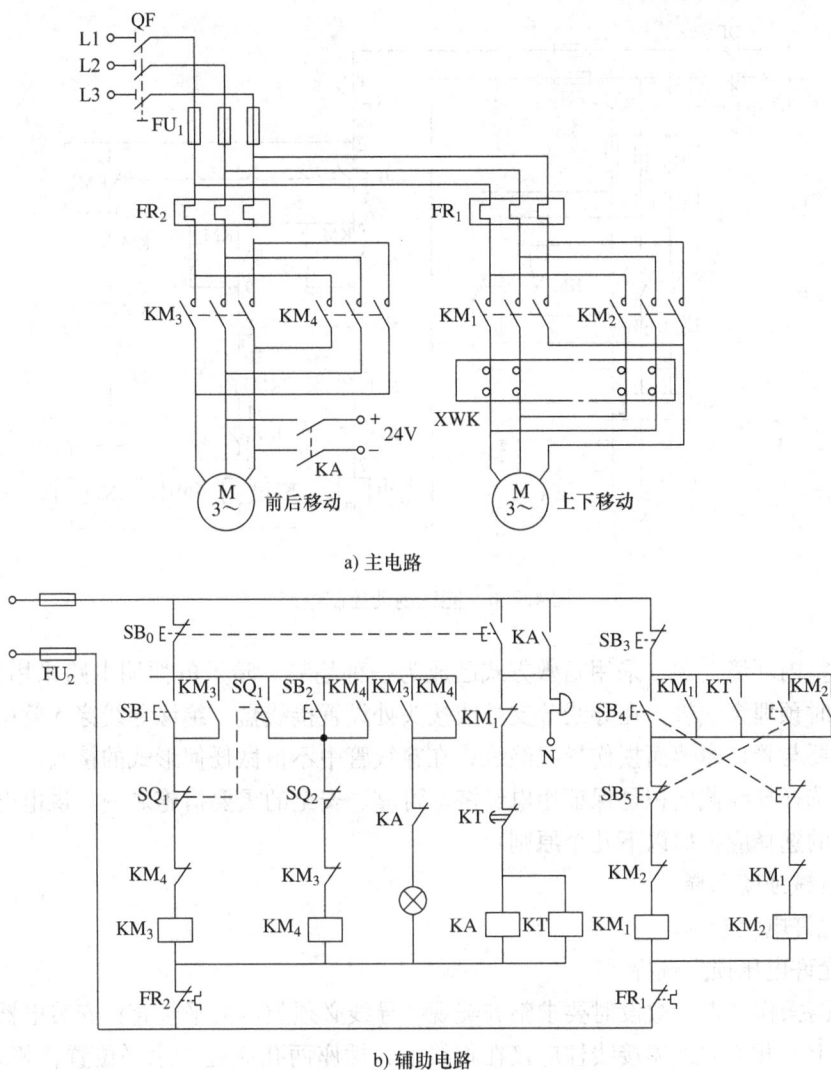

图 4.2.5 行车控制电路

3）掌握各种常用用电器的安装要求。

4）根据实际工程上遇到的各种故障现象，培养分析问题与解决实际问题的能力。

2. 实验要求

1）掌握各种常用电工工具的使用。

2）掌握导线的连接及绝缘的恢复方法。

3）掌握导线截面积的选择。

4）根据安装接线图安装电路。

5）对电能表进行校验。

3. 概述

室内照明线路有暗敷和明敷两种。工厂和一般建筑物通常采用明敷方式。明敷的照明电路便于更改和延伸。明敷时要求做到电路布置合理、整齐、连接可靠，安装牢固。在生活居

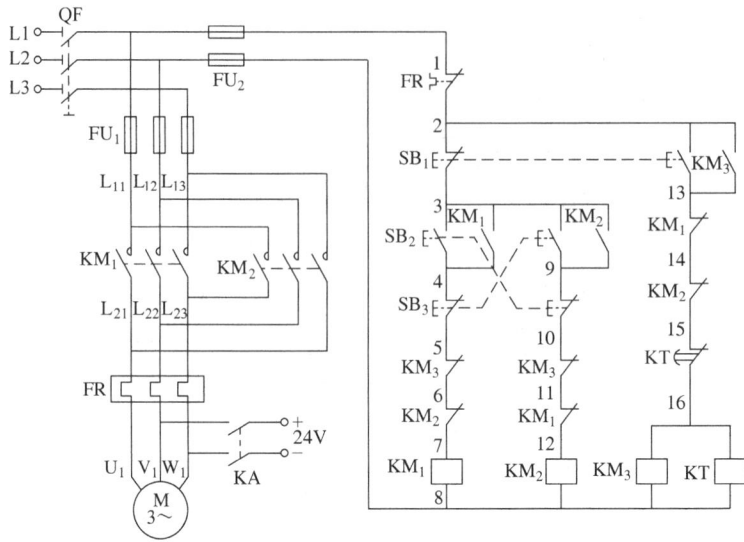

图 4.2.6　能耗制动控制电路

所，为了使室内环境美观，采用暗敷方式已成为一种趋势。暗敷的照明电路采用穿管敷设，在房屋建造时预埋穿线管，在导线分支处或接头处设置接线盒，绝缘导线穿入管中，敷设时注意导线不要与管口摩擦而损伤导线绝缘，在穿线管中不得做任何形式的接头。

正确地选择导线截面积是保证用电经济、可靠、安全的重要措施之一。供电电路导线和电缆截面积的选择应根据以下几个原则：

1）按机械强度选择。

2）按允许电流选择。

3）按允许电压损失选择。

安装线路操作要点：敷设时要求整齐美观，导线必须敷得横平竖直；安装电器时，开关要接在相线上，开关的顶端接线柱应接在相线上；插座两孔应处于水平位置，相线接右孔，中性线接左孔。

4. 室内照明电路电路原理图

室内照明电路如图 4.2.7 所示。

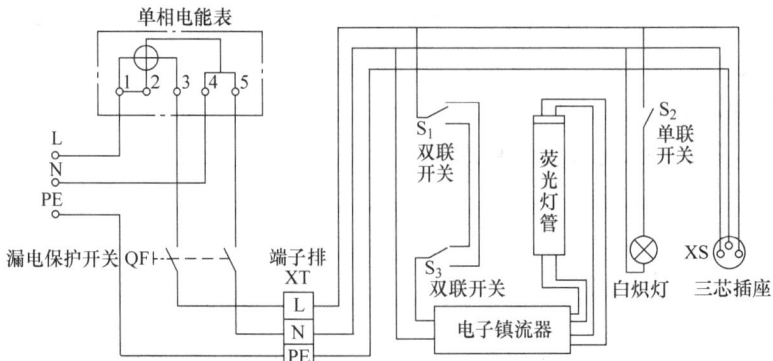

图 4.2.7　室内照明电路

5. 照明电路成绩评定标准

照明电路成绩评定标准见表4.2.1。

表4.2.1 照明电路成绩评定标准

项目	技术要求	配分	扣分	得分
原理	原理正确	15分	错误扣0~15分	
导线选用	能够根据负载情况选用适当的导线	10分	选择不当扣0~10分	
电路安装	布局合理	10分	不合理扣0~10分	
	电路平直、美观	15分	不平直、美观扣0~15分	
	接头连接合理	10分	连接不合理扣0~10分	
	木台安装正确	10分	安装不正确扣0~10分	
	用电器安装正确	15分	安装不正确扣0~15分	
	线路、仪表检查正确	15分	检查方法不当、不正确扣0~15分	
其他	安全文明操作、出勤		违反安全文明操作、缺勤、损坏工具扣15~45分	
教师签字		总分		

6. 综合性实验报告

参见4.1.8小节综合性实验报告。

4.3 电子系统的一般设计过程

电子系统综合设计是一门实践性很强的课程，其教学目的是使学生通过解决实际问题，是巩固和加深"模拟电子技术"、"数字电子技术"以及"EDA技术应用"等课程中所学的理论知识和实践技能的一个重要环节。通过实践，可使学生基本掌握常用电子电路的一般设计方法，提高电子电路的设计和实验能力，为今后从事生产和科研工作打下良好的基础。

4.3.1 常用电子电路的一般设计方法

由于电子电路种类繁多，千差万别，因此设计方法与步骤也因情况不同而各异。尤其是随着集成电路和电子设计自动化技术的迅速发展，各种专用功能的新型元器件大量涌现，使电子电路的设计工作发生了巨大的变革。但一般来说，电子系统设计的一般过程如下：

1）资料查阅与总体方案选择。
2）单元电路的设计与功能分析。
3）选择元器件与参数计算。
4）画出预设计总体电路图并审图。
5）实验（电路的仿真、安装与调试）。
6）撰写设计报告。

1. 资料查阅与总体方案选择

设计电路的第一步就是选择总体方案。总体方案应根据所提出的设计任务、指标要求和给定的条件，分析所要设计电路应完成的功能，用具有一定功能的若干单元电路组成一个整体，来实现并满足设计题目所提出的要求与技术指标。

由于符合要求的方案可以有多个，应广开思路，着重从方案能否满足要求、结构是否简单、实现是否经济可行、测试条件及技术先进性等方面，广泛查阅各类技术资料，了解现有的技术条件与技术水平，对几个方案进行比较和论证，择优选取。对选用的方案，常用框图的形式表示出来。框图一般不必画得太详细，只要说明基本原理即可，但应注意每个方框尽可能是完成某一种功能的单元电路，尤其是关键的功能块的作用与功能，一定要表达清楚，必要时还需给出具体的电路来加以进一步的分析。

2. 单元电路的设计与功能分析

在确定了总体方案并画出详细框图之后，便可进行单元电路设计了。

单元电路设计就是将原理框图中的每一个功能方框以具体的电路设计出来，而任何复杂的电子系统，都是由若干具有简单功能的单元电路组成的，而且这些单元电路的技术指标往往比较单一。在明确每个单元电路的技术指标后，要分析清楚单元电路的工作原理，设计出各单元的电路结构形式。设计时，要尽量采用学过的或熟悉的单元电路，如确实找不到性能指标完全满足要求的电路时，也可选用与设计要求比较接近的电路，然后再调整电路参数，同时也要善于通过查阅资料、分析研究一些新型电路，开发利用新型器件。

应注意各单元电路之间的相互配合与连接，尽可能减少元器件的数量、类型、电平转换和接口电路，以求简化电路结构、降低成本、保证工作可靠并提高系统的性价比。

3. 选择元器件与参数计算

电子电路的设计从某种意义上来说，就是选择最合适的元器件，并把它们最好地组合起来。在单元电路确定之后，应根据其工作原理和所需要实现的功能，首先选择在性能上满足要求的集成器件。当然，绝大多数情况下，集成器件也只能完成电路的一部分功能要求，它还需要其他集成电路和分立元器件组合起来，共同组成所需的单元电路。这就要求同学们灵活运用所学过的理论知识，熟悉各种集成电路与分立元器件的种类、性能、指标与特点，根据电路的要求来进行选择。同时，还要注意新技术的发展和对新元器件的开发和利用。

每个单元电路的结构、形式确定之后，需要对影响技术指标的参数的元器件进行计算。在计算参数时，先要很好地理解电路的工作原理，然后根据"模拟电子技术"和"数字电子技术"中的理论公式进行计算，有的可按照工程估算方法估算，有的也可使用典型电路参数或经验数据。选用的元器件参数值最终都必须采用标称值。

在计算参数时应注意以下几点：

1）各元器件的工作电压、电流、频率和功耗等应在允许的范围内，并留有适当裕量。

2）对于电网电压、环境温度等工作条件，应按最不利的情况考虑。

3）元器件的极限参数必须留有足够裕量，一般应大于额定值的1.5倍。

4）在保证电路性能的前提下，尽可能设法降低成本，减少元器件品种，减小元器件的功耗与体积，为安装与调试创造有利条件。

4. 画出预设计总体电路图并审图

根据单元电路的设计、参数计算及元器件选取的结果，画出预设计的总体电路图，然后进行全面审查。在审图时应注意以下几点：

1）总体电路是否满足方案的要求。

2）单元电路是否齐备。

3）每个单元电路的工作原理是否正确，能否实现各自的功能。

4）各单元电路之间的连接有无问题。

5）各单元电路之间的电平、时序等配合有无问题。

6）图中标明的元器件型号、引脚、参数值是否正确等。

这种检查十分重要，以防止在安装、调试中损坏元器件。总体电路图应包括原理图、印制电路板图，并应按国标规定以及电路图的规范来画，信号输入到输出的流向通常应从左至右、从上至下，各单元电路的布局必须遵照此原则。

5. 实验（电路的仿真、安装与调试）

现代电子系统软件为电子电路的设计提供了一个非常有效的手段，它不但可以帮助设计者验证设计的正确性、提高设计的效率、缩短设计的时间，可以为产品的开发提供参考，而且还可以通过仿真发现电路设计中存在的问题，使电路设计少走弯路，节省元器件，降低设计与实验成本。

电路通过仿真后，即可购买元器件直接进行电路安装与调试。电路的安装与调试是完成电子系统设计的重要环节。它是把理论设计付诸实践，制作出符合设计要求的实际电路的必经过程。初学者必须掌握电子电路的基本制作工艺的操作技能，运用实验手段检验理论设计中的问题，以学到的理论知识指导电路安装、调试和检测工作，使理论与实际有机地结合起来，提高分析和解决实际问题的能力。

6. 撰写设计报告

设计报告是对设计内容的全面总结。设计报告内容主要包括设计任务书、任务分析、方案论证、系统框图、电路设计与仿真、电路原理图、电路安装与调试、电路测试、总结及附录等。设计报告必须独立撰写，严禁相互抄袭。

4.3.2 电子综合设计实例

1. 设计题目

简易数字频率计的设计。

2. 技术指标

使用中、小规模集成电路设计与制作一台简易的数字频率计。该数字频率计应具有下述功能：

1）计4位十进制数。

2）最大读数是9999Hz，闸门信号的采样时间为1s。

3）用七段LED数码管显示读数，做到显示稳定、不跳变。

4）为了便于读数，要求数据显示的时间在1~6s内连续可调。

5）具有"自检"功能。

6）被测信号为正弦波或方波信号。

3. 概述与工作原理

数字频率计用于测量信号（方波、正弦波或其他脉冲信号），并用十进制数字显示，具有精度高、测量迅速、读数方便等优点。若配以适当的传感器，数字频率计还可以对许多物理量进行测量，如转速、机械振动频率、单位时间生产的产品数量等，因此，它是一种应用范围很广的仪器。

脉冲信号的频率就是在单位时间内所产生的脉冲个数，其表达式为 $f = N/T$。其中，f 为被测信号的频率，N 为计数器累计的脉冲个数，T 为产生 N 个脉冲所需的时间。计数器所记录的结果，就是被测信号的频率。若在 1s 内记录了 1000 个脉冲，则被测信号的频率为 1000Hz。

4. 选定方案与框图

测量频率可采用直接测量的方法。直接测量法是将放大整形后的脉冲数字信号，通过控制门记录 1s 的脉冲数，再用 4 位计数、译码、显示电路，将输入信号频率直接显示出来，原理框图如图 4.3.1 所示。

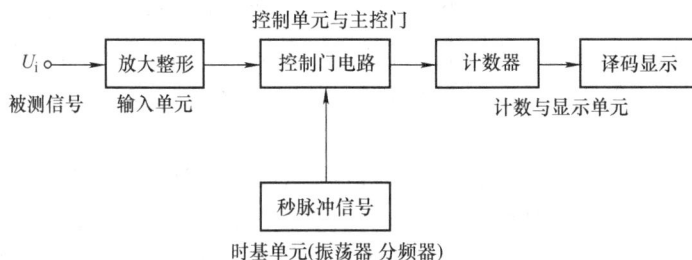

图 4.3.1　简易数字频率计原理框图

由图 4.3.1 可知，数字频率计主要由时基单元、控制单元、计数单元、延时单元、主控门和输入单元组成。

工作原理：用晶体振荡器产生较高的标准频率，经分频器后可获得各种时基脉冲（如 1s、0.1s、10ms、1ms 等），时基信号的选择可由开关控制。被测频率的输入信号经放大整形后变成矩形脉冲加到主控门的输入端（若被测信号为方波，放大整形可不要），时基信号经控制电路产生闸门信号至主控门，只有在闸门信号采样期间内（时基的一个周期），输入信号才通过主控门。若时基信号的周期为 T，进入计数器的输入脉冲为 N，则被测信号的频率 $f = N/T$，改变时基信号的周期 T，即可得到不同的测频范围。当主控门关闭时，计数器停止计数，显示器显示记录结果。此时控制电路输入一个置零信号，经延时整形电路，达到所调节的延时时间时，延时电路输入一个复位信号，使计数器和所有的触发器置 0，为后续新的一次取样做好准备，即锁住一次显示的时间，并保留到接受新的一次取样为止。

5. 单元电路功能与分析

（1）放大整形电路　若测量输入信号幅度较小且频率范围较大，为了保证测量的精度和灵敏度，首先必须将各种不等幅的输入信号进行适当放大。放大后的信号幅度仍不一致，为了能和后面的数字处理电路相连接，还必须进行整形，将幅度不同的被测信号整形为幅度一致的数字信号。

放大器采用由运算放大器构成的同相交流放大电路，整形电路采用施密特触发器，可采用 555 定时器构成的施密特触发器或用运算放大器构成的滞回电压比较器等，电路如图 4.3.2 所示。

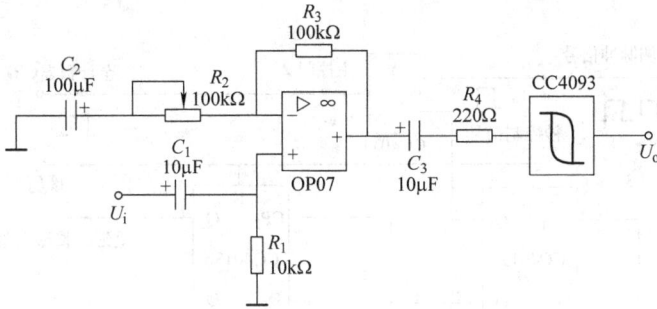

图 4.3.2　整形与放大电路

（2）秒信号发生电路　振荡电路的形式很多，为了保证基准时间的准确，最简易的方法就是用石英晶体构成振荡器产生频率为 32.768kHz 的脉冲，经 15 次二分频就可以得到相当精确的秒信号。为此采用 CC4020 14 位二进制计数器对 32.768kHz 的脉冲进行 14 次二分频，产生一个频率为 2Hz 的脉冲信号，接着再用 CC4013 双 D 触发器进行二分频，即可得到周期为 1s 的脉冲信号，电路如图 4.3.3 所示。其他时基电路可参照该图，用不同的分频电路得到秒信号。

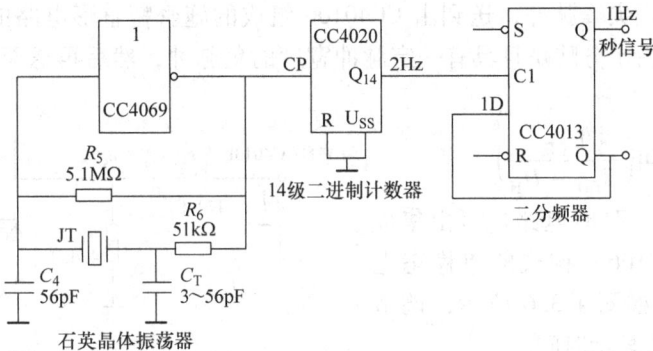

图 4.3.3　秒信号发生电路

（3）控制电路与主控门电路（见图 4.3.4）　主控门电路由双 D 触发器 CC4013 及与非门 CC4011 组成。CC4013a 的任务是输出闸门控制信号，以控制主控门 2 的开启与关闭。如果通过开关选择一个时基信号，当给主控门 1 输入一个时基信号的下降沿时，主控门 1 就输出一个上升沿，则 CC4013a 的 Q_1 端就由低电平变为高电平，将主控门 2 开启，允许被信号通过该主控门并送至计数器输入端进行计数；相隔 1s（或 0.1s、10ms、1ms）后，又给主控门 1 输入一个时基信号的下降沿，主控门 1 输出端又产生一个上升沿，使 CC4013a 的 Q_1 端变为低电平，将主控门关闭，使计数器停止计数。同时，$\overline{Q_1}$ 端产生一个上升沿，使 CC4013b 翻转成 $Q_2 = 1$，$\overline{Q_2} = 0$，由于 $\overline{Q_2} = 0$，它立即封锁主控门 1 不让时基信号进入 CC4013a，保证在显示读数的时间内 Q_1 端始终保持低电平，使计数器停止计数。

利用 Q_2 端的上升沿送到下一级的延时、整形单元电路。当到达所调节的延时时间时，延时电路输出端立即输出一个正脉冲，将计数器和所有 D 触发器全部置 0。复位后，$Q_1 = 0$，$\overline{Q_1} = 1$，为下一次测量作好准备。当时基信号又产生下降沿时，上述过程重复，电路如图

4.3.4 所示。

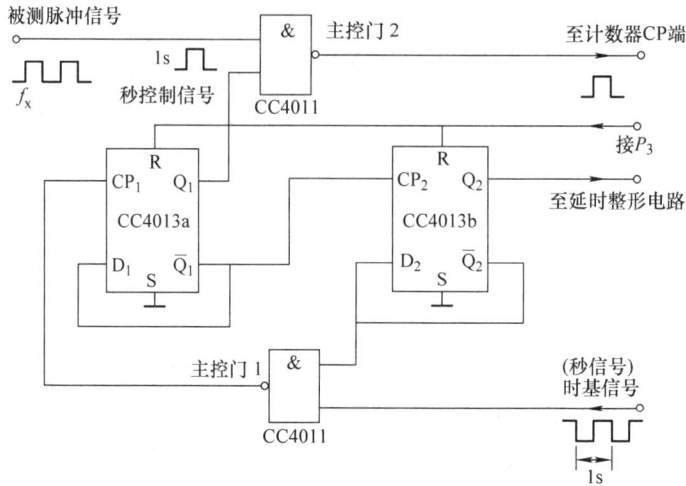

图 4.3.4　控制电路及主控门电路

（4）微分、整形电路　电路如图 4.3.5 所示，CC4013b 的 Q_2 端所产生的上升沿经 RC 微分电路后，变换为正尖峰脉冲，送到由 CC40106 组成的施密特整形电路的输入端，在其输出端可得到一个边沿十分陡峭且具有一定脉冲宽度的负脉冲，然后再送至下一级延时电路。其输出脉冲宽度

$$t_{pd} = RC\ln\left(\frac{U_{DD}}{U_{DD} - U_H}\right)$$

（5）延时电路　延时电路也可由集成施密特电路（CC40106）构成的单稳态电路组成。延时电路如图 4.3.6 所示，调节电位器 RP 可以改变显示时间。

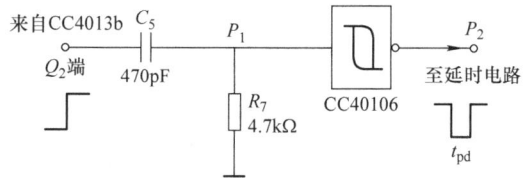

图 4.3.5　微分、整形电路

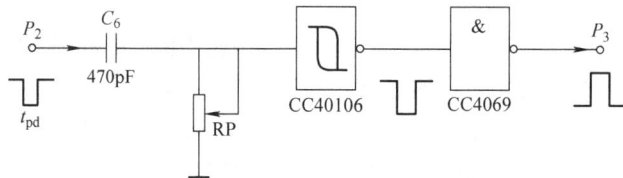

图 4.3.6　延时电路

由于频率计的测量范围是 $1 \sim 9999\mathrm{Hz}$，因此采用 4 只二－十进制同步加计数器，可选用两块双 BCD 同步加法计数器 CC4518。译码器选用 CC4511，可以直接驱动数码显示器（LED 数码管）。译码器输出信号均为高电平有效，选用的 LED 数码管必须采用共阴极类型，可以选择 MR213。计数器 CC4518 的清零端 CR 和译码器 CC4511 的锁存端 LE 均为高电平有效，因此直接用 P_3 来清零和锁存，即将 P_3 接至每个计数器的 CR 端和译码器 LE 端。因为输入信号为 $1 \sim 9999\mathrm{Hz}$，最大为 4 位，所以需要计数器、LED 数码管各 4 只。图 4.3.7 所示为 1 位计数、译码、显示电路。

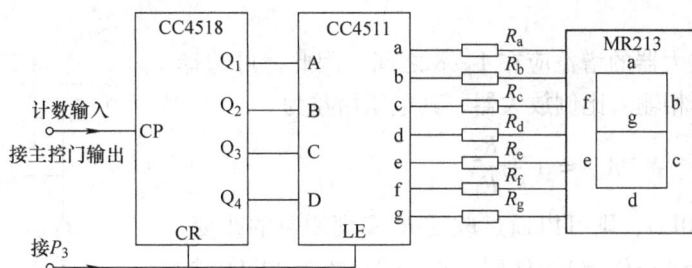

图 4.3.7　1 位计数、译码、显示电路

（6）自检电路　自检电路与测量电路通过单刀双掷开关控制，这里略。

6. 电路元器件参数的计算

1）振荡器的 R_5、R_6、C_4 和 C_T 的选取。为保证反相器工作在线性放大区，反馈电阻 R_5 不宜太小，一般在几兆欧到几十兆欧（即 $5\sim30M\Omega$）范围内选择，R_6 可在 $10\sim150k\Omega$ 范围内选择，C_4 与 C_T 构成电容三点式振荡电路。本电路选取 R_5 为 $5.1M\Omega$，R_6 为 $51k\Omega$，C_4 用 56pF 瓷介电容器，C_T 选用 $3\sim56pF$ 微调电容器。

2）放大电路的 R_2、R_3 和 R_4 的选取。R_2 和 R_3 决定放大电路的放大倍数，由于施密特电路 CC4093 的触发电平大于 2.2V，所以放大器的放大倍数应为 $A_f\geqslant U_o/U_i=2.2/0.2=11$，如果选 $R_2=10\sim0.1k\Omega$，则 $R_3=100k\Omega$，则 $A_f=10\sim1000$；R_4 为限流电阻，取 220Ω，C_1、C_3 为耦合电容，可选用 $10\mu F/25V$ 的电解电容，C_2 可选用 $100\mu F/25V$ 的电解电容。

3）译码、显示电路 $R_a\sim R_g$ 的选用。

4）$R_a\sim R_g$ 是数码管的限流电阻，要求 $R_a\sim R_g=(U_{OH}-U_{DF})/I_{DF}$，式中 U_{OH} 为译码器输出高电平；U_{DF} 为发光二极管正向压降；I_{DF} 为发光二极管正向电流。查表可选取 $R_a\sim R_g$ 为 160Ω（通常可选取几百欧至 $1k\Omega$ 之间）。

7. 画出预设计总体电路图（略）。根据各单元电路的元器件选取情况，可以画出预设计总体电路图，画图时一定要掌握所选集成电路的功能、各引脚排列情况以及引出端连接方法。

8. 电路的安装与调试。

9. 撰写设计报告。

4.4　电子技术部分选题参考

4.4.1　数控增益放大器实验

1. 实验任务

设计一个数字控制增益的放大器，要求在控制按键的作用下，放大器的增益依次在 $1\sim8$ 之间转换，同时用 LED 数码管显示放大器的增益。

2. 实验目的

通过本实验，熟悉运算放大器、计数器、数据选择器、加法器、译码/显示电路的用法。

3. 参考电路

按照要求，放大器的增益应在 $1 \sim 8$ 之间，因此，可选择图 4.4.1 所示的同相输入比例放大器，其电压增益为

$$A_{\mathrm{uf}} = 1 + \frac{R_2}{R_1}$$

如果取 $R_1 = 10\mathrm{k}\Omega$，则可以通过改变 R_2 实现增益的改变，当 $R_2 = 0$ 时，$A_{\mathrm{uf}} = 1$；$R_2 = 10\mathrm{k}\Omega$ 时，$A_{\mathrm{uf}} = 2$；$R_2 = 20\mathrm{k}\Omega$ 时，$A_{\mathrm{uf}} = 3$；依次类推，当 $R_2 = 70\mathrm{k}\Omega$ 时，$A_{\mathrm{uf}} = 8$。为达到放大器增益数字控制的目的，可由数据选择器和电阻构成数控电阻网络，代替图 4.4.1 中的 R_2，通过改变数据选择器的地址编码，实现数控电阻的目的。由此可设计出图 4.4.2 所示数控增益放大器。图中，用 74LS160 构成八进制计数器，计数器的 Q_2、Q_1、Q_0 作为数据选择器 CC4051 的地址输入。每按动一下按键 S，计数器加 1，数控电阻网络的等效电阻发生变化，由此控制放大器的增益在 $1 \sim 8$ 之间变化。

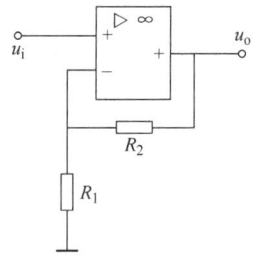

图 4.4.1　同相输入比例放大器

为了直观地显示放大器的增益，译码/显示电路如图 4.4.3 所示。图中 74LS283 为二进制加法器，通过加 1 运算，将计数器的值转化为电压放大倍数。

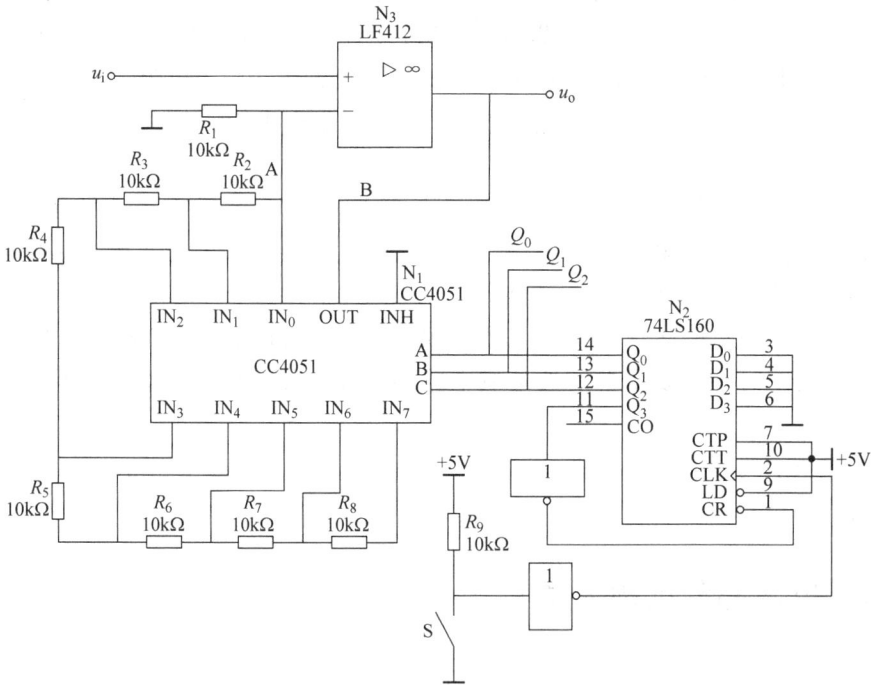

图 4.4.2　数控增益放大器

4. 元器件选择

主要元器件包括 74LS283、74LS48、74LS160、74LS04、LF412、CC4051。

5. 实验内容

按照实验要求设计电路，确定元器件型号和参数；按图在实验板上搭建电路，检查无误

后通电调试；检查电路功能是否符合要求，指示是否正确；对测试结果进行详细分析，得出实验结论。

6. 实验报告要求

分析实验任务，选择技术方案，确定原理框图，画出电路原理图。对所设计的电路进行综合分析，包括工作原理和设计方法；写出调试步骤和调试结果，列出实验数据，画出关键的波形；对实验数据和电路的工作情况进行分析，得出结论。

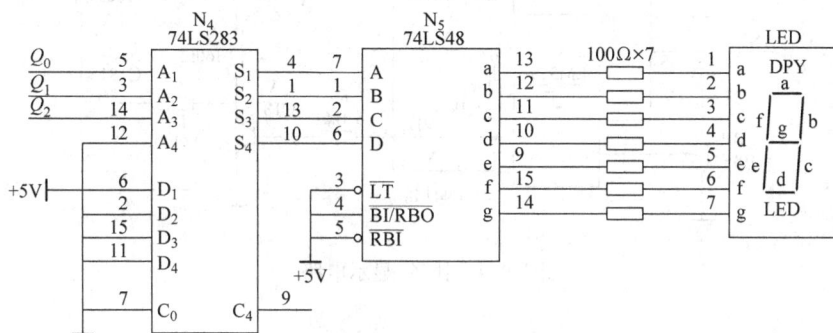

图 4.4.3　译码/显示电路

4.4.2　简易温度监控系统实验

1. 实验任务

设计一个温度监控系统，以铂电阻 Pt100 作为温度传感器检测容器内水的温度，用检测到的温度信号控制加热器的开关，将水温控制在一定的范围之内。具体要求如下：

1）当水温小于 50℃时，H_1 和 H_2（见图 4.4.6）两个加热器同时打开，将容器内的水加热。

2）当水温大于 60℃，但小于 70℃时，H_1 加热器关闭，H_2 加热器打开。

3）当水温大于 70℃时，H_1、H_2 两个加热器均关闭。

4）当水温小于 50℃，或者大于 70℃，用红色发光二极管发出报警信号。

5）当水温在 50～70℃之间时，用绿色发光二极管指示水温正常。

2. 实验目的

1）通过本实验，学习温度信号的采集方法。

2）熟悉集成运算放大器的使用方法和模拟信号的一般处理方法。

3）熟悉比较器、继电器和发光二极管的使用方法。

3. 参考电路

（1）温度的采集　本实验以 Pt100 作为温度传感器检测温度。

（2）比较/显示电路　比较/显示电路如图 4.4.4 所示，其中 A_4 和 A_5 构成窗口比较器，假设 U_{R1} 和 U_{R2} 分别对应于 50℃和 70℃水温，U_{R1} 和 U_{R2} 可通过调节电位器 RP_1 和 RP_2 设定。其实际电位可通过实验测得。在图 4.4.5 电路中，当水温在 100℃时 A_3 的输出电压（即 U_o）为 5V，然后测得，当水温为 50℃时 A_3 的输出电压 U_o 即为 U_{R1}，当水温为 70℃时 A_3 的输出电压即为 U_{R2}。当 $U_{R1} < U_o < U_{R2}$ 时，即水温在 50～70℃之间时，窗口比较器输出为高电平，

绿色发光二极管 VL_1 点亮，红色发光二极管 VL_2 熄灭，指示水温正常；否则绿发光二极管 VL_1 熄灭，红发光二极管 VL_2 点亮，处于报警状态。

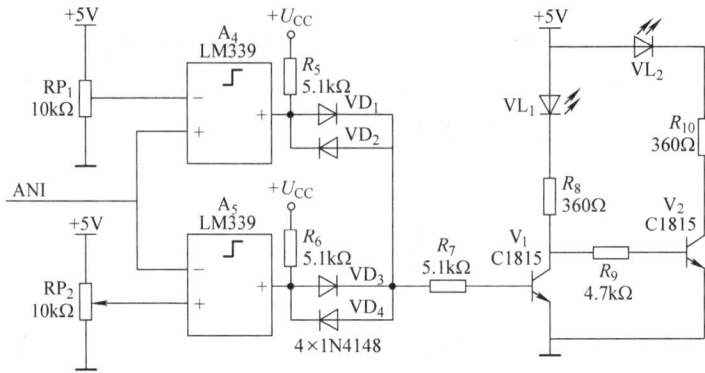

图 4.4.4　比较/显示电路

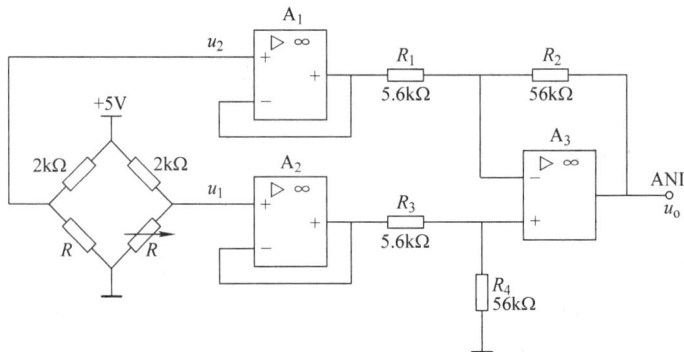

图 4.4.5　温度检测电路

（3）控制电路　控制电路可以采用图 4.4.6 所示电路。假设 U_{R3} 和 U_{R4} 分别对应于 60℃ 和 70℃ 水温，则 U_{R3} 和 U_{R4} 可通过调节电位器 RP_3 和 RP_4 设定，其实际电位可通过实验测得。同样在图 4.4.5 电路中对水加热，使得在水温在 100℃ 时 A_3 的输出电压 U_o（见图 4.4.5 温度检测电路）为 5V，然后测得水温为 60℃ 时的 A_3 的输出电压即为 U_{R3}，水温为 70℃ 时的 A_3 的输出电压即为 U_{R4}。图 4.4.6 中当 $U_o < U_{R3}$ 时，继电器 S_1 和 S_2 的常开触点闭合，加热器 H_1 和 H_2 都工作；当 $U_{R3} < U_o < U_{R4}$ 时，继电器 S_1 的常开触点断开，加热器 H_1 停止加热工作；当 $U_{R4} < U_o$ 时，加热器 H_1 和 H_2 都断开，停止加热。

在上面两个电路中为了使大家熟悉发光二极管和继电器的驱动方法，驱动器采用晶体管，实际上如果选用集成电路驱动器（如 ULN2003）将会使电路更为简单。采用 ULN2003 的驱动方法请读者自行设计。

4. 元器件选择

为了获得比较高的测量精度，图 4.4.5 中的电阻可以选用误差 ±1% 的五环金属膜电阻；电阻 R_1、R_2、R_3、R_4 要精心挑选，保证 $R_1 = R_3$，$R_2 = R_4$，或者采用电位器调节得到两只匹配的 300Ω 的电阻，使阻值尽可能实现匹配，提高电路的共模抑制比；A_1 和 A_2 要选择输入

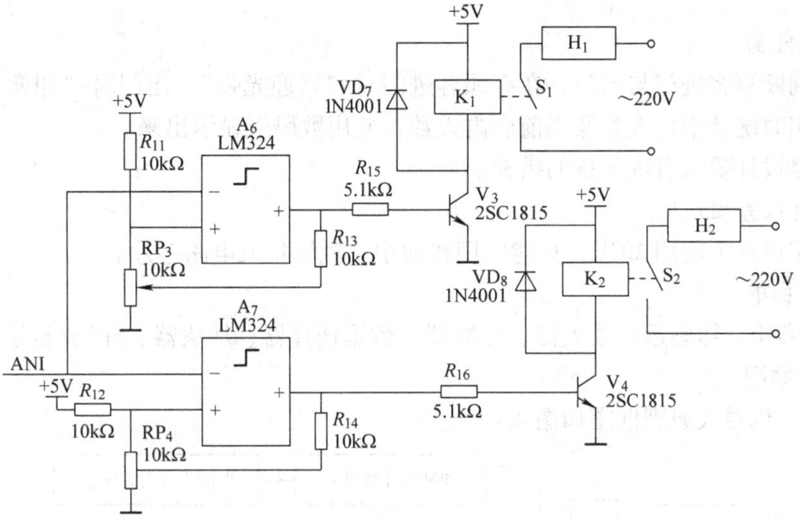

图 4.4.6　控制电路

电阻较大的运算放大器，如 TL082，A_3 要选择精度较高，输入电阻较大，共模抑制比较高的运算放大器，如 OP07，LF412 等；比较器选用 LM339，继电器选用 3A/5V 直流继电器。

主要元器件：Pt100 铂电阻、TL082、OP07、LM339、ULN2003、1N4001、1N4148、2SC1815、10kΩ 精密可调电阻，300kΩ 精密可调电阻，150Ω 精密可调电阻，电阻器，3A/5V 直流继电器，加热器。

5. 实验内容与步骤

按照实验要求设计电路，确定元器件型号和参数；为使电路便于调试，可将图 4.4.5 中的标号为 R_2 和 R_4 的电阻改为 330kΩ 的电位器，在实验板上搭建电路，检查无误后通电调试；将水加热为 100℃，调节 330kΩ 的两只电位器，使 A_3 的输出电压 U_o 为 5V（注意：为保证电路精度，在调电位器时，一方面要保证 A_3 的输出电压 U_o 为 5V，同时还要保证 U_o 为 5V 时，两只电位器的调节后的阻值要相等。

实验中为方便调试，可用精密可调电阻代替 Pt100，然后调节精密可调电阻，模拟水温的变化。温度和电阻之间的关系可通过 $R = 100\Omega + 0.386\dfrac{\Omega}{℃}t$ 获得。

6. 实验报告要求

分析实验任务，选择设计方案，确定原理框图，画出电路原理图；对所设计的电路进行综合分析，包括工作原理和设计方法；写出调试步骤和调试结果，列出实验数据；对实验数据和电路的工作情况进行分析，得出实验结论。

请思考：本设计中有哪些部分还有不足之处？如何改进电路设计，使调试比较简单而且电路更为合理？

4.4.3 商店迎宾机器人电路

1. 实验任务

1）能判断顾客进门与出门，在有顾客进门时"欢迎光临"，出门时"谢谢光临"。

2）能实时统计来访人数及当前店内人数，并用数码管显示出来。

3）电路设计要求有抗干扰的措施。

4）统计误差≤1 人。

5）电路设计不能用 MCU，只能应用普通中小规模集成电路芯片。

2. 实验目的

通过本实验，熟悉运算放大器、计数器、数据选择器、加法器、译码/显示电路的用法。

3. 原理框图

商店迎宾机器人原理框图如图 4.4.7 所示。

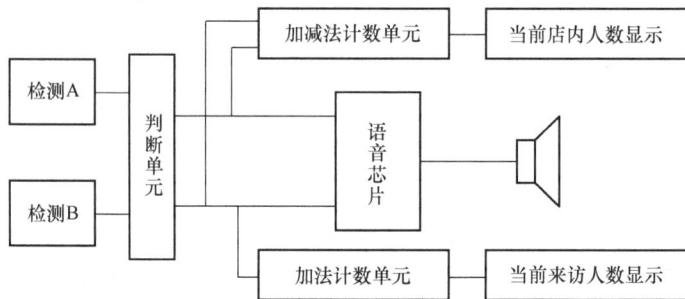

图 4.4.7　商店迎宾机器人原理框图

4. 实验报告要求

分析实验任务，选择设计方案，确定原理框图，画出电路原理图；对所设计的电路进行综合分析，包括工作原理和设计方法；写出调试步骤和调试结果，列出实验数据；对实验数据和电路的工作情况进行分析，得出实验结论。

4.4.4 数字温度计

1. 实验任务

温度计是工农业生产及科学研究中最常用的测量仪表。本课题要求用中小规模集成电路芯片设计并制作一台数字式温度计，即用数字显示被测温度。具体要求如下：

1）测量范围为 0 ~ 200℃。

2）测量精度为 0.1℃。

3）4 位 LED 数码管显示。

4）温度超过 40℃报警。

2. 实验目的

通过本实验，熟悉温度传感器、运算放大器、A - D 转换器、计数器、译码/显示电路的用法。

3. 原理框图

数字温度计原理框图如图4.4.8所示。

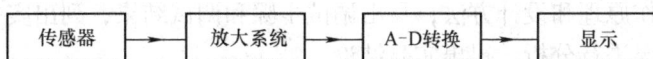

图4.4.8 数字温度计原理框图

4. 元器件选择

硅热敏晶体管，LM324，CC7107，电阻及电容若干。

5. 实验报告要求

分析实验任务，选择设计方案，确定原理框图，画出电路原理图；对所设计的电路进行综合分析，包括工作原理和设计方法；写出调试步骤和调试结果，列出实验数据；对实验数据和电路的工作情况进行分析，得出实验结论。

4.4.5 可编程字符显示器

1. 实验任务

可编程字符（图案）显示，是指显示的字符或图案可以通过编制程序的方法进行灵活转换。例如，列车次数与时刻表显示屏、商品广告宣传显示屏、舞台彩灯图案的显示等，都是将显示的内容预先编程，再由控制电路或者计算机使要显示的内容按照一定的规律显示出来。本实验要求用中小规模集成芯片设计并制作一个可编程字符显示器。具体要求如下：

1）显示四个以上字符（如"欢迎光临"）。

2）显示的字符清晰稳定。

3）扩展要求：显示一幅图案。

2. 实验目的

通过本实验，熟悉存储器、矩阵显示器、计数器等集成电路的综合应用。

3. 原理框图

可编程字符（图案）显示原理框图如图4.4.9所示。

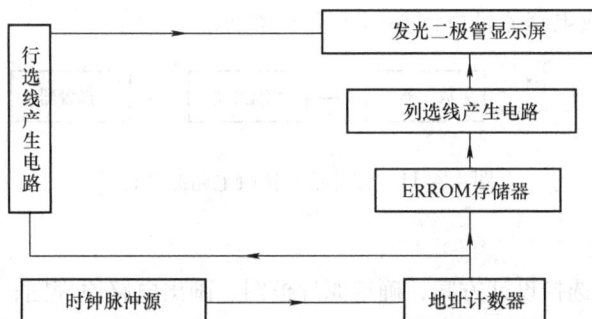

图4.4.9 可编程字符（图案）显示原理框图

4. 元器件选择

EPROM2764，16×16发光二极管矩阵显示屏，74LS54，74LS74，74LS93，NE555。

5. 实验报告要求

分析实验任务，选择设计方案，确定原理框图，画出电路原理图；对所设计的电路进行综合分析，包括工作原理和设计方法；写出调试步骤和调试结果，列出实验数据；对实验数据和电路的工作情况进行分析，得出实验结论。

4.4.6 红外遥控报警器

1. 实验任务

设计一个红外遥控报警器，当有人遮挡红外光时应发出报警信号，无人遮挡红外光时报警器不工作（不发声）。

红外遥控报警器应由两部分组成：红外发射电路和红外接收电路。

基本要求如下：

1）设计一个红外遥控报警器。

2）设计一个红外发射器，调整频率为 30kHz。

3）设计一个红外接收器，当无人遮挡红外光时，报警器不发出报警信号；当有人遮挡红外光时，报警器发出声响，报警信号频率为 800Hz。

4）控制距离在 2m 以上。

2. 实验目的

通过本实验，熟悉红外传感器发射与接收电路、放大电路、驱动电路的设计方法。

3. 原理框图

1）红外信号发射电路原理框图如图 4.4.10 所示。

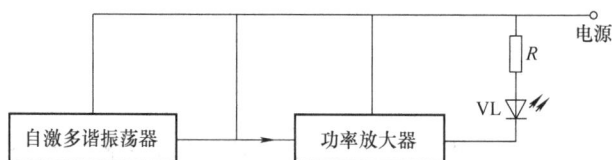

图 4.4.10 红外信号发射电路原理框图

2）红外信号接收电路原理框图如图 4.4.11 所示。

图 4.4.11 红外信号接收电路原理框图

4. 实验报告要求

分析实验任务，选择设计方案，确定原理框图，画出电路原理图；对所设计的电路进行综合分析，包括工作原理和设计方法；写出调试步骤和调试结果，列出实验数据；对实验数据和电路的工作情况进行分析，得出实验结论。

4.5　设计型实验选题参考

4.5.1　有源二阶低通滤波器的设计

1. 实验目的

通过实验，学习有源二阶低通滤波器的设计方法，体会调试过程在电路设计中的重要性，了解品质因数 Q 对滤波器特性的影响。

2. 设计要求

1）截止频率：$f_H = 120\text{Hz}$。

2）通带增益：$A_{up} = 1$。

3）品质因数：$Q = 0.707$。

3. 实验内容和要求

1）写出实验预习报告，包括设计原理、设计电路及选择元器件参数。

2）组装和调试设计的电路，检验该电路是否满足设计指标。若不满足，改变电路参数值，使其满足设计题目要求。

3）测量电路的幅频特性曲线，研究品质因数对滤波器频率特性的影响（提示：改变电路参数，使品质因数变化，重复测量电路的频率特性曲线，进行比较得出结论）。

4）写出实验总结报告。

4.5.2　有源二阶高通滤波器的设计

1. 实验目的

通过实验，学习有源二阶高通滤波器的设计方法，体会调试过程在电路设计中的重要性，了解品质因数 Q 对滤波器特性的影响。

2. 设计要求

1）截止频率：$f_H = 100\text{Hz}$。

2）通带增益：$A_{up} = 10$。

3）品质因数：$Q = 0.707$。

3. 实验内容和要求

1）写出实验预习报告，包括设计原理、设计电路及选择元器件参数。

2）组装和调试所设计的电路，检验该电路是否满足设计指标。若不满足，改变电路参数值，使其满足设计题目要求。

3）测量电路的幅频特性曲线，研究品质因数对滤波器频率特性的影响（提示：改变电路参数，使品质因数变化，重复测量电路的频率特性曲线，进行比较得出结论）。

4）写出实验总结报告。

4.5.3　RC 正弦波振荡电路的设计

1. 实验目的

通过设计型实验，掌握 RC 正弦波振荡电路的理论设计与实验调整相结合的设计方法。

2. 设计要求

设计一个振荡频率 $f_0 = 500\text{Hz}$ 的 RC 正弦波振荡电路，自选集成运算放大器（推荐选用 μA741）。

3. 实验内容和要求

1）写出设计报告，提出元器件清单。

2）组装、调整 RC 正弦波振荡电路，使电路产生振荡输出。

3）当输出波形稳定且不失真时，测量输出电压的频率和幅值。检验电路是否满足设计指标，如果不满足，需调整设计参数，直到达到设计要求为止。

4）改变有关元器件，使振荡频率发生变化。记录改变后的元器件参数，测量输出电压的频率。

5）写出实验总结报告。

4.5.4 方波－三角波发生器的设计

1. 实验目的

通过设计型实验，掌握方波－三角波发生器电路的理论设计与实验调整相结合的设计方法。

2. 设计要求

设计一个用集成运算放大器构成的方波－三角波发生器。

1）振荡频率范围：500Hz~1kHz。

2）三角波幅值调节范围：2~4V。

3）集成运算放大器选用 μA741 或自选。

3. 实验内容和要求

1）写出设计报告，提出元器件清单。

2）组装调试所设计的电路，使其正常工作。

3）测量方波的幅值和频率，测量三角波的频率、幅值及调节范围，检验电路是否满足设计指标。在调整三角波幅值时，注意波形有什么变化，并简单说明变化的原因。

4）用双踪示波器观察并测绘方波和三角波波形。

5）写出实验总结报告。

4.5.5 竞赛抢答器的设计

1. 实验目的

1）掌握电路板焊接技术。

2）学习调试系统电路，提高实验技能。

3）了解竞赛抢答器的工作原理及其结构。

2. 设计要求

（1）设计任务　设计制作一个可容纳 6 组参赛的数字式抢答器。

（2）设计要求

1）每组设置一个抢答按钮，供抢答者使用。

2）电路具有第一抢答信号的鉴别和锁存功能。在主持人将系统复位并发出抢答指令后，若有参赛者按抢答开关，则该组指示灯亮或用数字显示出抢答者的组别，同时扬声器发出声音，声响持续 2~3s。

3）电路应具备自锁功能，使其他组的抢答开关不起作用。

4）电路具有回答问题的时间控制功能，要求回答问题的时间小于或等于 100s，时间显示采用倒计时方式（显示 99~00），当达到限定时间时（即显示器为 00 时），发出声响，以示警告。

5）要求电路主要选用中规模 TTL 或 CMOS 集成电路。

（3）设计要点　根据设计要求，竞赛抢答器主要由以下六部分组成：

1）抢答控制器：竞赛抢答器的核心。当任意一位参赛者按下开关时，抢答控制器立刻接受该信号，使相应的发光二极管点亮，并用声响电路发出声音；与此同时，封锁其他参赛者的输入信号。这就要求抢答器的分辨能力高，同时要求有 6 组输入和输出，电路可考虑用 6 个 D 触发器和 6 个与非门组成（供参考）。

2）抢答控制输入电路：由 6 个开关组成，每人各控制一个，按下开关可使相应控制端信号为高电平或低电平。

3）清零装置：由主持人控制，保证每次抢答前使抢答器清零，避免电路误动作和抢答过程中的不公平。电路采用由主持人控制开关，使每个参赛者的抢答电路同时清零的方式。

4）显示、声响电路：每个抢答器显示电路可由发光二极管显示，可显示字形代表组号，也可为单一发光信号，如果是一个发光二极管，且功率不大，可直接由抢答器驱动；如果要醒目，加大功率或用多个大功率发光管，则要单独采用驱动电路。声响电路为 6 组共用，只要有抢答者出现，都会发出声响，鸣响元件用扬声器，因此必须加一级晶体管驱动电路，输入信号有音频信号、抢答信号和"时间到"信号。

① 计数、显示电路：该电路的作用是对抢答者回答问题的时间进行控制，规定的时间小于或等于 100s，所以其显示装置应该是一个两位数字显示的计数系统。因为要求倒计时，当主持人给出"请回答"指令后，从"99"倒计时，当计到"00"时，要能够驱动声响电路发出警告声。由此可知，当主持人给出"请回答"指令后，两位计数器同置 9，CP 信号为秒脉冲，进行减法计数；当两位数为"00"向高位借位时，送出声响控制信号，计数器同时被封锁，不再计数。

② 振荡电路：由上面分析，需要的振荡信号电路如下：

- 控制器信号：振荡信号频率越高，抢答控制器的分辨率越高，建议采用 500kHz；
- 音频信号：使声响电路发出单一鸣响，建议采用 1kHz；
- 秒脉冲信号：为计数、显示提供秒脉冲信号。

这几个不同频率的信号源可用一个振荡电路来完成，采用分频方式得到不同频率的信号。

3. 实验内容和要求

1）画出电路原理图，并弄懂各部分的工作原理及作用。

2）按原理图接线，并认真检查电路。

3）按要求调试电路，实现各部分电路功能。

4）列出元器件清单。

5）叙述调试中出现的问题，加以分析并排除故障。

4.5.6 彩灯控制器的设计

1. 实验目的

1）掌握电路板焊接技术。

2）学习调试系统电路，提高实验技能。

3）了解彩灯控制器的工作原理及结构。

2. 设计要求

（1）设计任务 节目的彩灯五彩缤纷，彩灯的控制电路种类繁多，用移位寄存器为核心器件设计制作一个 8 路彩灯控制器。

（2）设计要求

1）彩灯控制电路要求控制 8 个彩灯。

2）要求彩灯组成表 4.5.1 所列两种花型，每种花型连续循环两次，两种花型轮流交替。

表 4.5.1 花型及编码

节拍脉冲	编码 Q_A Q_B Q_C Q_D Q_E Q_F Q_G Q_H	
	花型 I	花型 II
1	00000000	00000000
2	00011000	10001000
3	00111100	11001100
4	01111110	11101110
5	11111111	11111111
6	11100111	01110111
7	11000011	00110011
8	10000001	00010001
9	00000000	00000000

3）设计要点

① 编码发生器：编码发生器要求根据花型按节拍送出 8 位状态编码信号，以控制彩灯按规律亮灭。因为彩灯路数少，花型要求不多，所以宜选用移位寄存器输出 8 路数字信号控制彩灯发光。编码发生器建议采用两片 4 位通用移位寄存器 74LS194 来实现。74LS194 具有异步清零和同步置数、左移、右移、保持等多种功能，控制方便灵活。移位寄存器的 8 个输出信号送至发光二极管 LED，编码器中数据输入端和控制端的接法由花型决定。

② 控制电路：控制电路为编码器提供所需的节拍脉冲和驱动信号，控制整个系统工作。控制电路的功能有两个：一是按所需产生节拍脉冲；二是产生移位寄存器所需的各种驱动信号。

3. 实验内容和要求

1）画出电路原理图，并弄懂各部分的工作原理及作用。

2）按原理图接线，并认真检查电路。

3）按要求调试电路，实现各部分电路功能。

4）列出元器件清单。

5）叙述调试中出现的问题，加以分析并排除故障。

4.5.7 汽车尾灯控制电路的设计

1. 实验目的

1）掌握电路板焊接技术。

2）学习调试系统电路，提高实验技能。

3）了解汽车尾灯控制电路的工作原理及结构。

2. 设计要求

（1）设计任务　汽车尾灯安装在汽车尾部左、右两侧，一般各为 3 盏，用来警示后面的汽车，并告诉本车左右转弯、停车、刹车等状况。现要求设计一个汽车尾灯控制电路实现上述功能。

（2）设计要求　设计一个汽车尾灯控制电路，用 6 只发光二极管模拟 6 只汽车尾灯，左、右各 3 只，用 4 个开关分别模拟刹车信号 S_1、停车信号 S_2、左转弯信号 S_L 和右转弯信号 S_R。

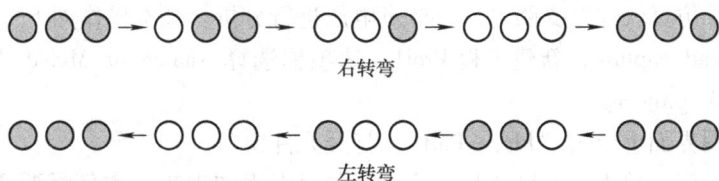

图 4.5.1　左右转弯尾灯变化示意图

1）正常情况下，汽车左（或右）转弯时，该侧的 3 只尾灯按图 4.5.1 所示的周期亮、暗变化，状态转换时间为 1s，直至断开该转向开关。

2）无制动时（无刹车，S_1 = "0"），若司机不慎将两个转向开关接通，则两侧尾灯都作同样周期变化，示意图同图 4.5.1。

3）在刹车制动时（S_1 = "1"），6 只尾灯同时亮。

4）停车时（S_2 = "1"），6 只尾灯均按 1Hz 频率闪亮，直至 S_2 = "0" 为止。

3. 实验内容和要求

1）画出电路原理图，并弄懂各部分的工作原理及作用。

2）按原理图接线，并认真检查电路。

3）按要求调试电路，实现各部分电路功能，列出元器件清单。

4）叙述调试中出现的问题，加以分析并排除故障。

第5章　电路计算机仿真部分

5.1　支路电流法、节点电压法

1. 实验目的

1）学习 PSPISE 仿真软件，掌握它的流程。

2）学习直流电路的仿真操作。运用仿真结果分析电路。

2. 实验设备

PSPISE 仿真软件、计算机。

3. 实验原理

利用 PSPISE 仿真软件对支路电流、节点电压进行分析。基本操作如下：

1）启动 Orcad capture，新建工程 Proj1，选项框选择 Analog or Mixed A/D，类型选择为 create a blank project。

2）在原理图界面上单击"Place/Part"，打开元件窗口。

3）添加常用库：单击"Add Library"，将常用库添加进来，本例需要添加 Analog（包含电阻、电容等无源元件）。在相应的库中选取电阻 R，电流源 IDC。

单击"Place/Ground"，选取 0/Source 以放置零节点（每个电路必须有一个零节点）。

4）移动元器件到适当位置，右键单击元器件进行适当旋转，单击"Place/Wire"或连接线图标，将电路连接起来。

5）双击元器件或相应参数修改名称和值。

6）在需要观察到位置放置探针。

4. 实验内容与步骤

（1）用支路电流法求解图 5.1.1 所示电路　计算各支路电流和节点电压，而后用 PSPISE 仿真。操作如下：

1）在 Analog 库中取出电阻 R 分别置于 R_1、R_2、R_3、R_4 处，在 Analog 库中取出电压控制电压源 E 置于受控源处，在 SOURCE 库中取出支流电压源 VDC 分别置于 U_1、U_2 处，设置参考节点。

2）在图中设置各电阻和电压源参数（双击要设置参数的元件即可进行设置），双击受控源 E，在其属性 GAIN 中设置受控源控制参数 3。

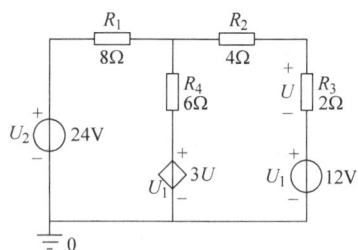

图 5.1.1　直流电路仿真图 1

3）保存电路。

4）设置分析类型：NEW simulation profile/analysis/analysis type/bias point，按确定结束设置。

5）仿真电路，查看各支路电流及节点电压。

（2）用节点电压法求解图 5.1.2 所示电路　计算各支路电流和节点电压。用 PSPISE 仿真，具体步骤可参考支路电流法。取 4 个节点为参考点，分别仿真。

5. 实验结果分析

根据实验结果验证基尔霍夫定律。

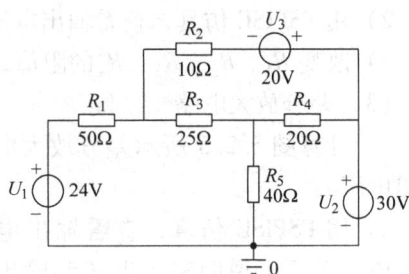

图 5.1.2　直流电路仿真图 2

5.2　运算放大电路

1. 实验目的

1）学习用 PSPISE 仿真软件分析线性运算放大电路。

2）了解运算放大电路双电源供电和单电源供电的输出电压与输入电压关系结果。

2. 实验设备

PSPISE 仿真软件、计算机。

3. 实验原理

利用 PISE 仿真软件对运算放大电路（OPAMP 库）进行分析。

4. 实验内容与步骤

（1）同相放大器

1）用节点电压法求解图 5.2.1 所示同相放大电路，计算各支路电流和节点电压。

2）用 PSPISE 仿真，查看各支路电流和节点电压，求输出电压与输入电压关系。

3）改变 R_2 阻值，若 R_2 大于 3kΩ 查看输出电压与输入电压关系，并说明仿真结果。

4）若运算放大器偏置电压改为单电源，再重新进行步骤2）、3），说明仿真结果。

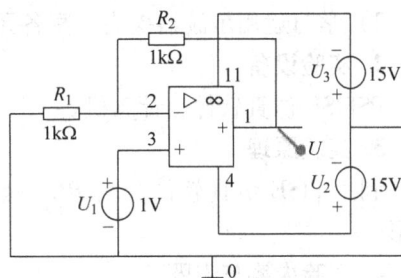

图 5.2.1　同相放大电路

（2）三输入加法电路

1）计算图 5.2.2 所示加法电路的输出电压。

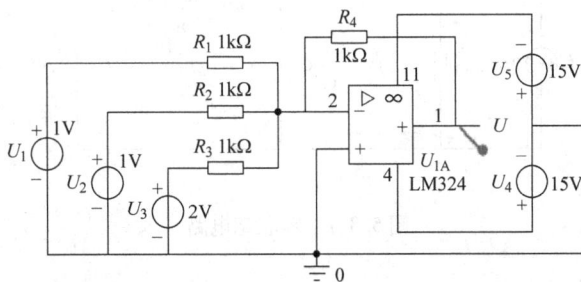

图 5.2.2　加法电路

2）用 PSPISE 仿真，查看输出电压与输入电压关系，求输出电压与输入电压关系。

3）改变 R_1、R_2、R_3、R_4的阻值，查看输出电压与输入电压关系，并说明仿真结果。

（3）差分放大电路

1）计算图 5.2.3 所示差分放大电路的输出电压。

2）用 PSPISE 仿真，查看输出电压与输入电压关系，说明输入电压和输出电压关系。

3）若 $R_4/R_1 = R_3/R_2$，查看输出电压与输入电压关系，并说明仿真结果。

5. 实验结果分析

根据仿真结果列出输入电压和输出电压关系式。

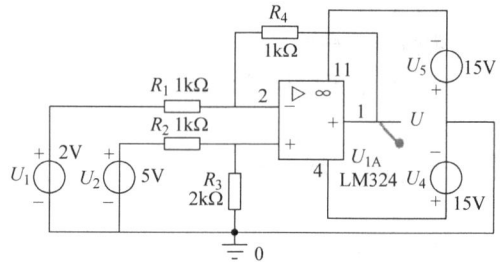

图 5.2.3 差分放大电路

5.3　一阶电路

1. 实验目的

1）学习用 PSPISE 仿真软件分析一阶电路。

2）学习运用示波器探头观察各元件端电压与各支路电流波形。

2. 实验设备

PSPISE 仿真软件、计算机。

3. 实验原理

利用 PISE 仿真软件分析 RC 一阶电路的零状态、零输入各元件端电压与各支路电流波形。

4. 实验内容与步骤

（1）RC 零状态

1）图 5.3.1 所示零状态电路中电容初始值 U_C（0_-）$= 0\text{V}$，开关在 $t = 0$ 时闭合，在 $t < 0$ 时已为稳态，计算图示电路中 $t > 0$ 电容端电压及各个支路电流，计算时间常数。

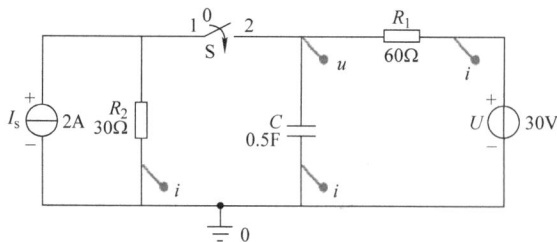

图 5.3.1 零状态电路

2）用 PSPISE 仿真。

① 图 5.3.1 所示电路用 PSPISE 仿真，查看电容电压与各个支路电流，并运用示波器探头查看电容电压与各个支路电流波形。

② 改变电容、电阻大小使 τ 增大到原先的 2 倍，查看电容电压与各个支路电流，并运用示波器探头查看电容电压与各个支路电流波形。改变电容、电阻大小使 τ 减小到原先的 2 倍，查看电容电压与各个支路电流，并运用示波器探头查看电容电压与各个支路电流波形。

（2）RC 零输入

1）图 5.3.2 中，电容初始值 $U_C(0_-) = 30V$，开关在 $t=0$ 时闭合，在 $t<0$ 时已为稳态，计算图示电路中 $t>0$ 电容端电压及各个支路电流，计算时间常数。

2）用 PSPISE 仿真。

① 图 5.3.2 所示电路用 PSPISE 仿真，查看电容电压与各个支路电流，并运用示波器探头查看电容电压与各个支路电流波形。

② 改变电容、电阻大小使 τ 增大到原先的 2

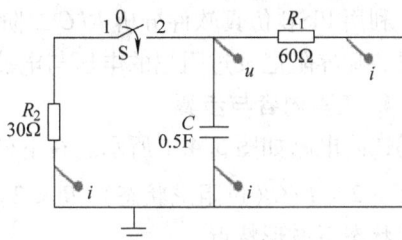

图 5.3.2　零输入电路

倍，查看电容电压与各个支路电流，并运用示波器探头查看电容电压与各个支路电流波形。改变电容、电阻大小使 τ 减小到原先的 2 倍，查看电容电压与各个支路电流，并运用示波器探头查看电容电压与各个支路电流波形。

（3）全响应

1）图 5.3.3 中，电容初始值 $U_C(0_-) = -30V$，开关在 $t=0$ 时闭合，在 $t<0$ 时已为稳态，计算图示电路中 $t>0$ 电容端电压及各个支路电流，计算时间常数。

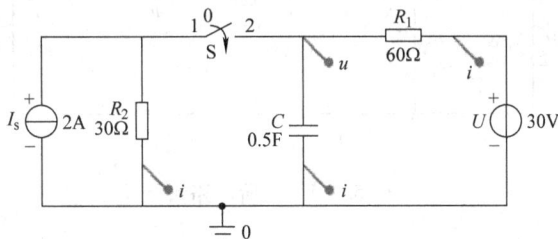

图 5.3.3　全响应电路

2）用 PSPISE 仿真。

① 图 5.3.3 所示电路用 PSPISE 仿真，查看电容电压与各个支路电流，并运用示波器探头查看电容电压与各个支路电流波形。

② 改变电容、电阻大小使 τ 增大到原先的 2 倍，查看电容电压与各个支路电流，并运用示波器探头查看电容电压与各个支路电流波形。改变电容、电阻大小使 τ 减小到原先 2 倍，查看电容电压与各个支路电流，并运用示波器探头查看电容电压与各个支路电流波形。

（4）RL 一阶电路测试　把上述步骤（1）～（3）中的电容改为 1H 的电感，重复上述三步骤。其中，电感电流初始大小为 1A。

5.4　二阶电路

1. 实验目的

1）学习用 PSPISE 仿真软件分析 RLC 二阶电路。

2）熟练运用示波器探头观察各元件端电压与电流波形。

2. 实验设备

PSPISE 仿真软件、计算机。

3. 实验原理

利用 PISE 仿真软件分析 RLC 二阶电路，观察零状态响应、零输入响应和在全响应下欠阻尼、临界阻尼及过阻尼的电压与电流波形。

4. 实验内容与步骤

二阶电路如图 5.4.1 所示。在下列情形下，分别查看各个元件电压及回路电流波形，观察 $R > 2\sqrt{L/C}$（过阻尼状态）、$R < 2\sqrt{L/C}$（欠阻尼状态）和 $R = 2\sqrt{L/C}$（临界阻尼状态）三种状态下波形特点：

1）零状态响应。

2）求零输入响应，$U_C(0_-) = 30\mathrm{V}$。

3）求零输入响应，$I_L(0_-) = 3\mathrm{A}$。

4）求全响应，$U_C(0_-) = 30\mathrm{V}$。

5）求全响应，$I_L(0_-) = 3\mathrm{A}$。

6）求全响应，$I_L(0_-) = 3\mathrm{A}$，$U_C(0_-) = 30\mathrm{V}$。

7）RLC 三个元件并联，重复上述步骤 1）~6）。

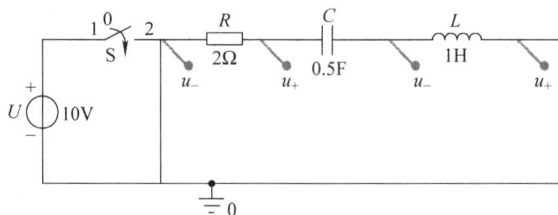

图 5.4.1　二阶电路

附 录

附录 A THHE—1型高性能电工技术教学实验台简介

1. 技术性能

1）输入电源：三相四线（或三相五线）380V，误差范围为±10%，50Hz。

2）工作环境：温度范围为−10~+40℃，相对湿度<85%（25℃），海拔<4000m。

3）装机容量：<1.5kV·A。

4）重量：150kg。

5）外形尺寸：173cm×73cm×110cm（加微型计算机桌的长度为2.1m）。

2. 实验装置功能

本实验装置主要由电源控制屏、实验桌、实验箱等组成。

（1）HE—01电源、仪表控制屏　控制屏为铁质双层亚光密纹喷塑结构，铝质面板（凹字烂板技术），为实验提供交流电源、直流稳压电源、恒流源、功率型智能函数信号发生器（含频率计）、各种测试仪表及实验元器件等。具体功能如下：

1）控制及交流部分。

① 三相0~450V及单相0~250V连续可调交流电源，配备1台三相同轴联动调压器，规格为1.5kV·A/0~450V。在可调交流电源的输出处设过电流保护，使相间、线间过电流及直接短路均能自动保护。配有三只镜面指针式交流电压表，通过切换开关可分别指示三相电网电压和三相调压输出的电压。

② 设有定时器兼报警记录仪，平时作为时钟使用，有设定实验时间、定时报警、查询报警、切断电源等功能；还可以自动记录漏电告警、过电流告警及仪表超量程告警的总次数，并具有计算机通信等功能。

③ 设有实验用220V、30W的荧光灯灯管一支，将灯管灯丝的4个端头经过快速熔丝引出供实验使用，可防止灯丝损坏。

2）仪表面板。

① 数模双显智能真有效值交流电压表（整体表），指针表为镜面指针显示，数字表为4位数码管显示，精度为0.5级，测量范围为0~500V，量程为2V、20V、200V、500V，具有自动换档和手动换档功能；每档均有超量程告警、灯光指示功能；能对交流信号（20Hz~20kHz）进行真有效值测量；带计算机通信功能。

② 数模双显智能真有效值交流电流表（整体表），指针表为镜面指针显示，数字表为4位数码管显示，精度为0.5级，测量范围为0~5A，量程为20mA、200mA、2A、5A，具有自动换档和手动换档功能；每档均有超量程告警、灯光指示功能；能对交流信号（20Hz~20kHz）进行真有效值测量；带计算机通信功能。

③ 智能交流功率表（多功能），由一套微型计算机，高速、高精度A−D转换芯片和全

数显电路构成；通过键控、数显窗口实现人机对话的智能控制模式；为了提高测量范围和测试精度，将被测电压、电流瞬时值的取样信号经 A – D 转换，采用专用的 DSP 计算有功功率、无功功率；功率的测量精度为 0.5 级，电压、电流量程分别为 450V、5A，可测量负载的有功功率、无功功率、功率因数、电压、电流、频率及负载的性质；可以存储、记录 15 组功率和功率因数的测试结果数据，可逐组查询；带计算机通信功能。

④ 数模双显智能直流电压表（整体表），指针表精度为 0.5 级，电压表测量范围为 0 ~ 300V，量程为 200mV、2V、20V、300V；数字表每档精度均为 0.5 级，电压测量范围为 0 ~ 300V，量程为 200mV、2V、20V、300V；三位半数字显示；每档均有超量程告警、灯光指示功能，具有自动换档和手动换档功能；通过键控、数显窗口可实现人机对话功能控制模式；可以存储、记录 15 组测试结果数据，能逐组查询；带计算机通信功能。

⑤ 数模双显智能直流电流表（整体表），指针表精度为 0.5 级，测量范围为 0 ~ 2A，具有自动换档和手动换档功能，量程为 2mA、20mA、200mA、2A；数字表精度为 0.5 级，测量范围为 0 ~ 2A，量程为 2mA、20mA、200mA、2A；三位半数字显示，每档均有超量程告警、灯光指示功能；通过键控、数显窗口实现人机对话功能控制模式；可以存储、记录 15 组测试结果数据，可逐组查询；带计算机通信功能。

3）直流电源，带计算机通信功能。

① 提供 0 ~ 500mA 连续可调恒流源一组，分 3 档可调，调节精度为 1‰，负载稳定度不大于 5×10^{-4}，额定变化率不大于 5×10^{-4}，具有输出开路、短路保护功能，带输出指示。

② 提供两路 0.0 ~ 30V/1A 可调稳压电源，从 0V 起调，具有截止型短路软保护和自动恢复功能，设有 3 位数显指示。

③ 提供 4 路固定直流电源输出：±12V、±5V，每路均具有短路、过电流保护和自动恢复功能。

4）功率函数信号发生器（带频率计），带计算机通信功能。

① 频率范围：0.2Hz ~ 2MHz 分 8 档；

② 输出波形：正弦波、三角波、方波、斜波、脉冲波；

③ 占空比调节：20% ~ 80%；

④ 扫频速率：10ms ~ 5s；

⑤ 输出电压幅度：$20U_{p-p}$（负载 1MΩ）、$10U_{p-p}$（负载 50Ω），带输出衰减；

⑥ 输出保护：短路保护；

⑦ 频率计：6 位 LED 显示，外测频范围为 0 ~ 50MHz，外测频灵敏度为 100mV；

⑧ 输出幅度指示：3 位 LED 数码管显示。

（2）实验箱

1）HE—11A 电路基础实验（一）。完成电流表、电压表的设计及量程扩展实验，指针式电阻表的设计及测试实验（配 MF47 表头一只及相关元器件），已知和未知电阻元件伏安特性的测绘实验。

2）HE—12 电路基础实验（二）。完成叠加原理、基尔霍夫定律（判断性实验）、戴维南定理、诺顿定理及二端口网络、互易定理实验。

3）HE—13A 电路基础实验（三）。提供两路运算放大器及相关元器件，学生动手组装搭接电路完成受控源、回转器负阻抗变换器实验。

4）HE—14 电路基础实验（四）。完成一阶、二阶动态电路。

5）HE—15 电路基础实验（五）。完成 R、L、C 串联谐振，R、C 串、并联选频网络，R、C 双 T 网络实验。

6）HE—16 交流电路实验（一）。完成正弦稳态交流电路相量的研究（荧光灯功率因数提高实验），黑匣子实验（R、L、C 元件特性及参数测定）。

7）HE—17 交流电路实验（二）。完成三相电路（每相三只灯泡并联）实验。

8）HE—19 元件箱。提供实验所需的电阻、电容、电感、电位器、十进制可调电阻等实验元件。

9）HE—20 三相电容箱。提供三相高压电容，每相电容值为 $0.47\mu F$、$1\mu F$、$2.2\mu F$、$4.7\mu F$，耐压均为 500V。

10）HE—21 铁心变压器、互感/电能表实验。铁心变压器一只（$50V \cdot A$、$36V/220V$），一、二次侧均设有熔丝及电流插座，测试方便并能可靠保护，防止变压器损坏；互感线圈一组，实验时临时挂上，两个空心线圈 L_1、L_2 装在滑动架上，可调节两个线圈间的距离，并可将小线圈放到大线圈内，配有大、小铁棒各一根及非导磁铝棒一根；电能表一只，规格为 220V、3/6A，固定在电能表支架上，实验时临时放在实验箱上，其电源线、负载线均已接在电能表接线架的接线柱上。

3. 实验台功能配置及实验箱

实验台功能配置及各实验箱外观如图 A.1 所示。

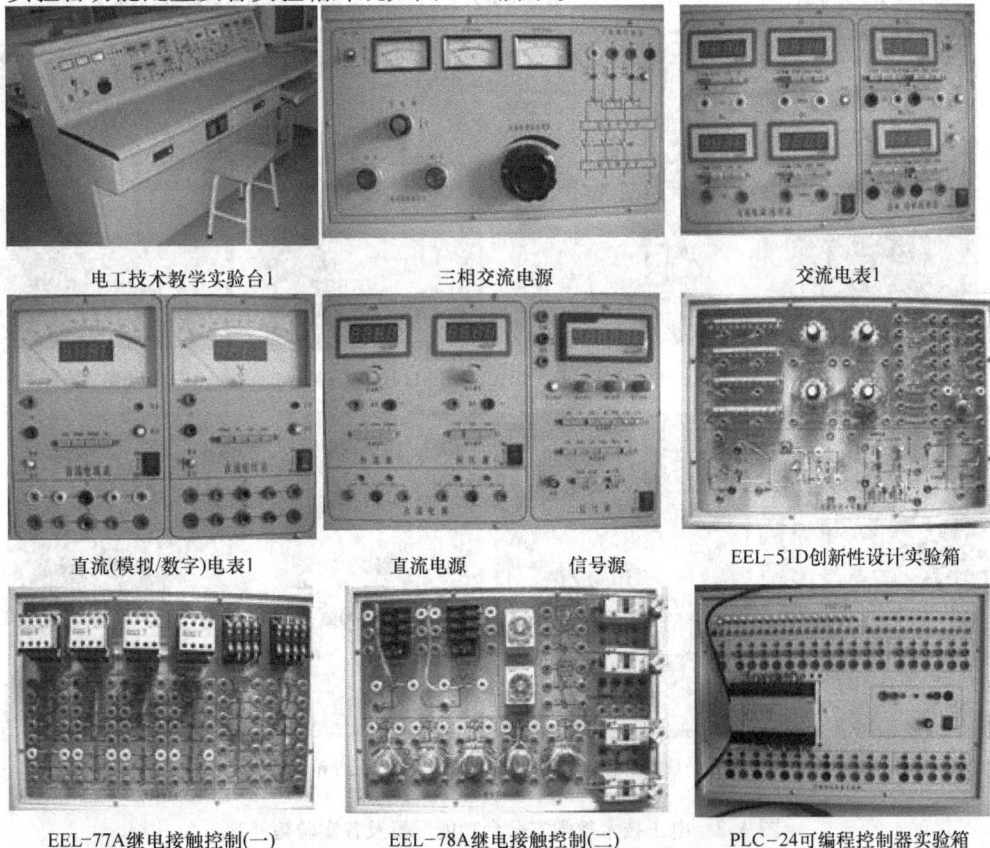

电工技术教学实验台1　　　　三相交流电源　　　　　交流电表1

直流(模拟/数字)电表1　　直流电源　　信号源　　EEL-51D创新性设计实验箱

EEL-77A继电接触控制(一)　　　EEL-78A继电接触控制(二)　　　PLC-24可编程控制器实验箱

图 A.1　电工电子技术教学实验台功能配置及各实验箱外观

电子技术实验台   模拟电子技术面板   数字电子技术面板

图 A.1 电工电子技术教学实验台功能配置及各实验箱外观（续）

电工技术教学实验台功能配置及各实验箱外观如图 A.2 所示。

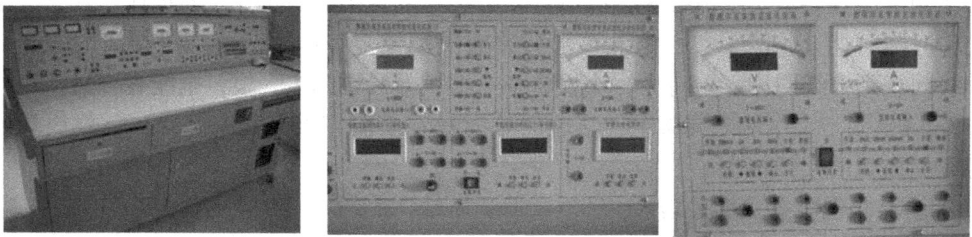

电工技术教学实验台2   交流电表2   直流模拟/数字·电表2

HE-11电路实验箱(一)   HE-12电路实验箱(二)   HE-13电路实验箱(三)   HE-14电路实验箱(四)

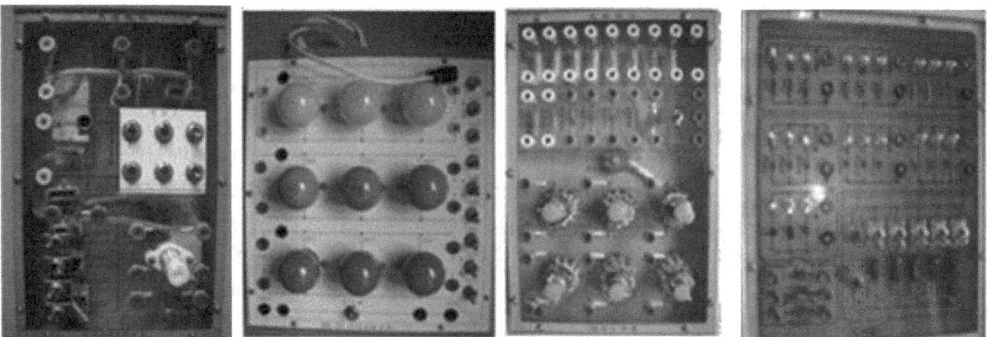

HE-16交流电路实验 (一)   HE-17交流电路实验 (二)   HE-19 元件箱   EEL-52 元件箱 (二)

图 A.2 电工技术教学实验台功能配置及各实验箱外观

EEL-55B
单三相交流电路实验箱 (二)

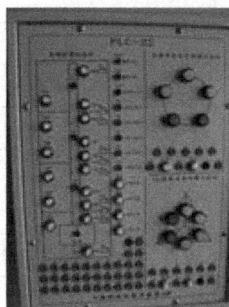

PLC-24
可编程控制器实验箱 (四)

图 A.2　电工技术教学实验台功能配置及各实验箱外观 (续)

附录 B　ETL—1V 型电子技术教学实验台简介

1. 实验台面板

实验台面板如图 B.1 所示。

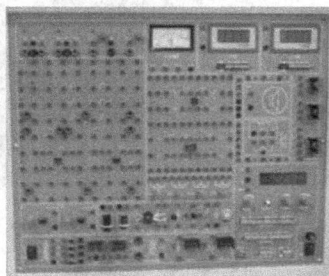

电子技术实验台　　　　　模拟电子技术面板　　　　　数字电子技术面板

图 B.1　实验台面板

2. 实验台面板主要配置

实验台面板主要配置见表 B.1。

表 B.1　实验台面板主要配置

主要功能模块	模　块　配　置
直流稳压电源	±5V/1A，±12V/1A；0 ~ ±24V/1A，模/数面板上各一套
信号源及频率计	提供 0 ~ 1MHz 信号源，可输出三角波、正弦波、方波、二脉冲、四脉冲、八脉冲、单次脉冲；输出有 20dB、40dB 衰减功能；输出波形分 6 档：10Hz、100Hz、1kHz、10kHz、100kHz、1MHz，频率有粗调和细调，幅值为 0 ~ 15U_{p-p} 连续可调，带有屏蔽线输出，提供 6 位数字频率计；带计算机接口
交流数字电压表	测量频率范围为 5Hz ~ 1MHz，量程为 200mV、2V、20V、200V 4 档旋转开关切换，三位半数字显示；带计算机接口
直流信号源	提供 2 路 -5 ~ +5V 直流信号源

（续）

主要功能模块	模块配置
直流仪表	提供2V、20V、200V 直流电压表各一只。20mA、200mA、2A 直流电流表各一只，带计算机接口
逻辑开关	4 位
数据开关	12 位
电平开关	16 位
数码显示	静态电路6 位，含译码电路。动态显示6 位

附录 C 泰克 TDS1002 型数字存储示波器使用说明

1. 泰克 TDS1002 数字存储示波器面板

示波器面板如图 C.1 所示。

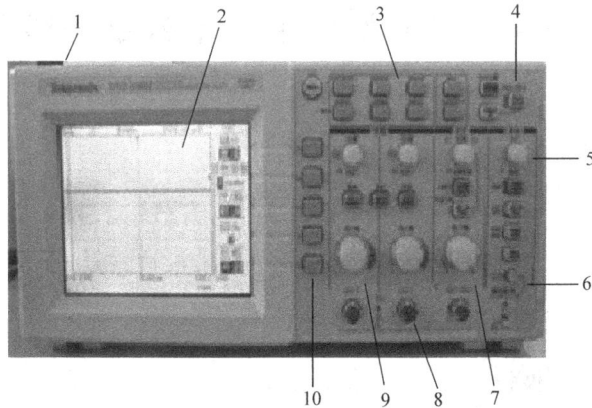

图 C.1 示波器面板

1—电源开关 2—显示屏 3—功能菜单（SAVE/RECALL 保存/调出，MEASURE 测量，ACQUIRE 采集，HELP 帮助，
DEFAULT SEYUP 默认设置，DISPLAY 显示，CURSOR 光标，UTILTY 辅助） 4—功能按钮（AUTOSET 自动设置，
RUN/STOP，运行/暂停） 5—触发控制（触发电平/触发方式） 6—探头补偿 7—水平控制（水平移位）
8—信源（CH1、CH2 双踪 Y 轴信号输入） 9—垂直控制（Y 轴移位、扫描线开关、Y 轴灵敏度）
10—菜单设置按钮（信源/耦合方式、信号类型、探头设置、返回/反相）

2. 使用说明

（1）显示屏 显示屏是液晶显示，除了显示波形及波形参数外，还显示"功能菜单按钮"所设定的细节，如图 C.2 所示。

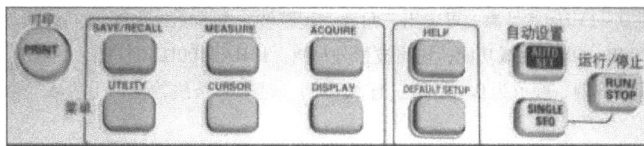

图 C.2 功能菜单按钮

功能菜单如下：

1）SAVE/RECALL（保存/调出）。"SAVE/RECALL"按钮有两个作用：一个是储存/调出仪器的设置（指仪器面板控制钮的设定值）；另一个是储存/调出波形。若要储存波形，先在"SAVE/RECALL"功能表中选择"波形"，即出现用于储存或调出波形的功能表；再选择需要储存的信源波形（CH1 或 CH2），选择基准位置（RcfA，RefB）以便储存或调出某一波形；然后把信源波形存到所选择的基准位置。

2）MEASURE（测量）。"MEASURE"按钮用于自动测定被测波形的参数，有周期、频率、平均值、峰–峰值、方均根值五项，但在同一时间内最多只能显示四项被测值。

3）ACQUIRE（采集）。"ACQUIRE"按钮用于设定采集参数，而采集参数又与不同的采集状态有关。采集状态分为取样、峰值检测与平均值三种，见表 C.1，当选择不同的采集状态时，波形显示将有所区别。

表 C.1　取样、峰值检测与平均值波形

	取样	峰值检测	平均值
波形			
设定值	在每一获取间隔中取样一点，共 2500 点	在每个取样间隔中取样两点（最高、最低）	在取样状态下获取数值（次数 4、16、64、128）然后各种波形平均计算

4）UTILTY（辅助）。"UTILTY"按钮用于显示辅助功能表，该功能表中设定的内容如下：

① 系统状态：水平系统、波形（垂直）系统及触发系统的参数设定值。

② 自核正：当环境温度变化范围达到或超过 5℃时，可执行自校正程序，以提高波形的精确度。

③ 故障记录：记录故障情况，有利仪器维修。

④ 语言：课选择操作系统的显示语言 [英国、法国、德国、日本、意大利、西班牙、葡萄牙、朝鲜、中文（简）、中文（繁）10 种]。

5）CURSOR（光标）。"CURSOR"按钮用于测定两个波形之间的相位差（电压或时间）的两个测量标记线。按下该按钮，可出现测定光标和光标功能表，在光标功能表中有设定类型，可选择电压或时间。若选择电压，则屏幕显示两根可移动的水平光标；若选择时间，则屏幕显示两根可移动的垂直光标。可用"POSITION"旋钮移动光标 1 与光标 2 的相对值。要消除光标时，只要再按一次"CURSOR"按钮即可。光标测量如图 C.3 所示。

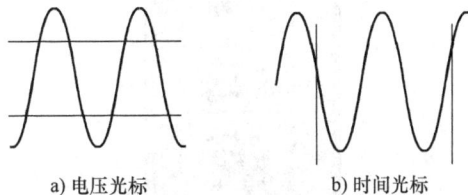

a）电压光标　　　　b）时间光标

图 C.3　光标测量

6）DISPLAY（显示）。"DISPLAY"按钮用于选择波形的显示方式及改变波形的显示外观。

（2）功能按钮

1）AUTOSET（自动设置）。"AUTOSET"按钮用于自动调节各项控制值，以产生可使用的输入信号显示。调节或设定的控制值如下：采集状态（取样）垂直耦合（直流）；垂直伏格（已调节）；带宽（满）；水平位置（居中）；水平秒刻度（已调节）；触发类型（边沿）；触发信源；触发耦合；触发斜率；触发闭锁；触发位准；显示格式；触发状态（自动）。

2）RUN/STOP（运行/暂停）。"RUN/STOP"按钮用于启动或停止波形获取。当启动获取功能时，波形显示为活动状态；若停止获取，则冻结波形显示。无论是启动还是停止，波形显示都可用垂直控制和水平控制来计数或定位。

（3）触发控制　如图 C.4 所示，调节触发电平"LEVEL"旋钮，可以改变触发电平值，应使触发电平设在小于信号的振幅范围以内，以便进行获取。

1）TRIGGER MENU（触发功能表），按此按钮，触发功能表显示如下功能：

① 触发类型：分"边沿"触发与"视频"触发两种。边沿触发方式是对输入信号的上升或下降边沿进行触发。

② 斜率：触发极性选择。可以选择信号"上升"沿或"下降"沿进行触发。

③ 信源：触发信号选择。触发信号源有 CH1、CH2（内触发）、EXT｜、EXT／（外触发）等。

④ 触发方式：触发方式选择分正常、自动、单次触发三种。"正常"触发状态只执行有效触发。"自动"触发状态则允许在缺少有效触发时，获取功能自由运行。"自动"状态允许没有触发的扫描波形设定在 100ms/div 或更慢的时基上。"单次"触发状态只对一个事件进行单次获取。

2）SET LEVEL TO 50%（中点设定）。触发位准设定在信号位准的中点。

3）FORCE TRIGGER9（强行触发）。不管是否有足够的触发信号，都不会自动启动获取。

4）TRIGGER VIEW（触发视图）。按该按钮，显示触发波形。

（4）水平控制　如图 C.5 所示，调节位置"POSITION"旋钮，可进行水平位置调整，用以调整所有光标或信号波形在屏幕上的位置。

图 C.4　触发控制调节

图 C.5　水平控制调节

1）HORIZ MENU（水平功能表）。按此按钮，显示水平功能表，该功能表包含功能有：

① 主时基：设定水平主时基用于显示波形。

② 视窗设定：视窗指两个光标之间所确定的区域。

③ 视窗扩展：放大视窗区域中的一段波形，以便观测此段波形的图像细节。

④ 触发钮：用于调节两种控制值，触发"电平"（伏）和"释放"时间（秒）。

2）SET TO ZERO（设置为零）。按该按钮用以将水平位置设置为零。

"秒/格"旋钮（水平控制）：用于改变水平的时间刻度，以便放大和压缩波形。

（5）垂直控制　如图 C.6 所示，垂直控制区的作用是调节波形在屏幕上的垂直位置和大小：

1）CURSORI POSITION（光标位置）。该旋钮可调节光标或波形在垂直方向上的位置。

2）MATH MENU（数学值）。按该按钮，显示波形的数学操作功能表（加减/反向）。再按此钮，则关闭数学值显示。

3）CH1 和 CH2 MENU（Y 轴输入 1、Y 轴输入 2 功能表）。按 CH1 和 CH2 MENU 按钮，显示输入垂直控制的功能表，包含功能有：

① 耦合：被测信号的输入耦合方式。耦合方式分为直流、交流、接地三种。

图 C.6　垂直控制调节

② 带宽限制：分为 20MHz 和 60MHz 两档。

③ "伏/格"：用以选择垂直灵敏度。垂直灵敏度分粗调和细调两种。

④ "探棒" 用以选择探棒的衰减系数。探棒的衰减系数分为 1 ×，10 ×，100 ×，1000 × 四档。测量时，可根据被测信号的幅度选取其中一档，以保证垂直标尺读数准确。

⑤ 波形显示的接通和关闭：要使显示的波形消失，可按 CH1（或 CH2）MENU 按钮，显示 CH1（或 CH2）MENU 垂直功能表。再按一次 MENU 钮，则波形消失。

4）VOLTS/DIV（伏/格）。垂直刻度的选择旋钮，调节范围自 2mV/div ~ 5V/div。测量时，应根据被测信号的电压幅度选择合适的位置，以利观察。

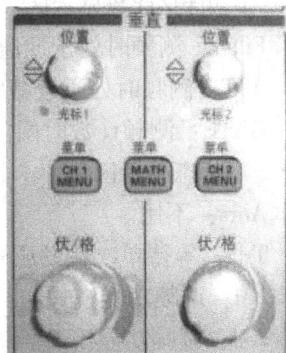

附录 D　F20A 型数字合成函数信号发生器/计数器使用说明

1. 显示说明

显示面板如图 D.1 所示。

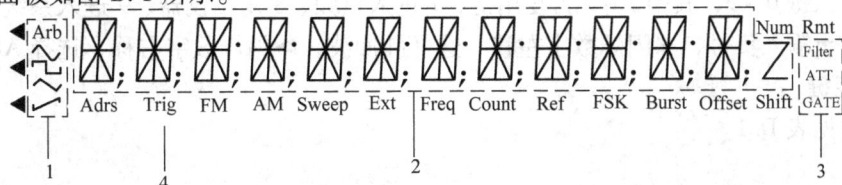

图 D.1　显示面板

1—波形显示区　2—主字符显示区　3—测频/计数显示区　4—状态显示区

显示区的功能如下：

1）波形显示区：

∧：主波形/载波为正弦波形。

⊓主波形为方波、脉冲波。

⌒：点频波形为三角波形。

⌐：点频波形为升锯齿波形。

Arb：点频波形为存储波形。

2）测频/计数显示区：

Filter：测频时处于低通状态。

ATT：测频时处于衰减状态。

GATE：测频计数时闸门开启。

3）状态显示区：

Adrs：不用。

Trig：等待单次触发或外部触发。

FM：调频功能模式。

AM：调幅功能模式。

Sweep：扫描功能模式。

Ext：外信号输入状态。

Freq：（与 Ext）测频功能模式。

Count：（与 Ext）计数功能模式。

Ref：（与 Ext）外基准输入状态。

FSK：频移功能模式。

◄ FSK：相移功能模式。

Burst：猝发功能模式。

Offset：输出信号直流偏移不为 0。

Shift："shift" 键按下。

Rmt：仪器处于远程状态。

Z：频率单位 Hz 的组成部分

2. 前面板图

F20A 前面板参考图如图 D. 2 所示。

图 D. 2 所示键盘说明如下：

数字输入键 0~9，其中 7~9 为复用键，7 进入点频、8 复位仪器、9 进入系统，● 为输入小数点，━输入负号，◄闪烁数字左移、选择脉冲波、▶闪烁数字右移、选择 ARB 波形。

3. 功能键

功能键见表 D. 1。

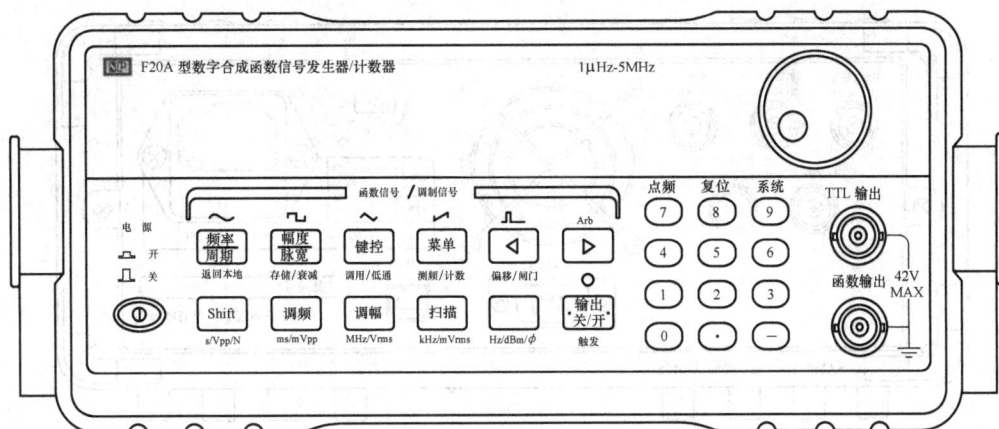

图 D.2 F20A 前面板参考图（不带 B 路输出）

表 D.1 功能键的功能

键名	主功能	第二功能	计数第二功能	单位功能
频率/周期	频率选择	正弦波选择	无	无
幅度/脉宽	幅度选择	方波选择	无	无
键控	键控功能	三角波选择	无	无
菜单	菜单选择	升锯齿波选择	无	无
调频	调频功能选择	存储功能选择	衰减选择	ms/mV（峰峰值）
调幅	调幅功能选择	调用功能选择	低通选择	MHz/V（有效值）
扫描	扫描功能选择	测频功能选择	测频/计数选择	kHz/mV（有效值）
猝发	猝发功能选择	直流偏移选择	闸门选择	Hz/dBm

4. 其他键

其他键见表 D.2。

表 D.2 其他键的功能

键名	主功能	其他
输出	信号输出与关闭切换	扫描功能和猝发功能的单次触发
Shift	和其他键一起实现第二功能	输出量的周期或峰峰值或其他不确定量

5. 后面板图

F20A 后面板参考图如图 D.3 所示。

6. 使用说明

（1）测试前的准备工作 先仔细检查电源电压是否符合本仪器的电压工作范围，确认无误后方可将电源线插入本仪器后面板的电源插座内。仔细检查测试系统电源情况，保证系统间接地良好，仪器外壳和所有的外露金属均已接地。在与其他仪器相连时，各仪器间应无电位差。

（2）函数信号输出使用说明

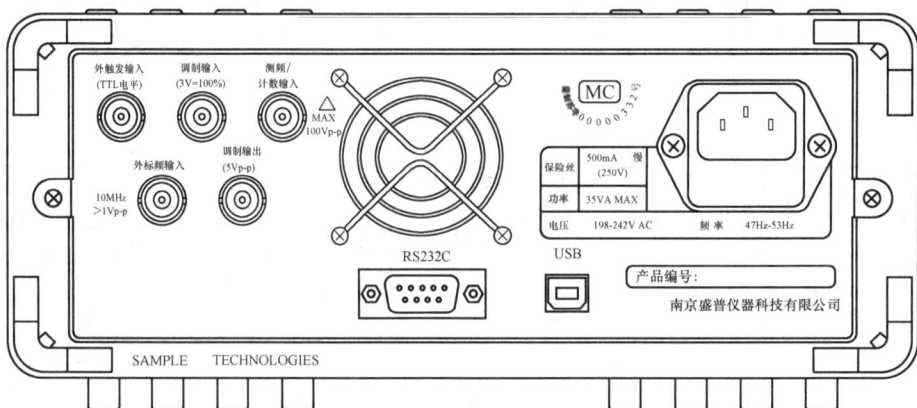

图 D. 3　F20A 后面板参考图（不带 B 路输出）

1）仪器起动。按下面板上的电源按钮，电源接通。先闪烁显示"WELCOME"，时间为 2s，再闪烁显示仪器型号，例如"F20A－DDS"，时间为 1s。之后根据系统功能中开机状态设置，进入"点频"功能状态，波形显示区显示当前波形"～"，频率为 10.00000000kHz；或者进入上次关机前的状态。

2）数据输入。数据输入有两种方式：

① 数据键输入：10 个数字键用来向显示区写入数据。写入方式为自左到右顺序写入，"●"用来输入小数点，如果数据区中已经有小数点，按此键不起作用。"－"用来输入负号，如果数据区中已经有负号，再按此键则取消负号。使用数据键只是把数据写入显示区，这时数据并没有生效，所以如果写入有错，可以按当前功能键，然后重新写入。对仪器输出信号没有影响。等到确认输入数据完全正确之后，按一次单位键，这时数据开始生效，仪器将根据显示区数据输出信号。数据的输入可以使用小数点和单位键任意搭配，仪器将会按照统一的形式将数据显示出来。

注意：用数字键输入数据必须输入单位，否则输入数值不起作用。

② 调节旋钮输入：调节旋钮可以对信号进行连续调节。按位移键"◄"、"►"使当前闪烁的数字左移或右移，这时顺时针转动旋钮，可使正在闪烁的数字连续加一，并能向高位进位；逆时针转动旋钮，可使正在闪烁的数字连续减一，并能向高位借位。使用旋钮输入数据时，数字改变后立即生效，不用再按单位键。闪烁的数字向左移动，可以对数据进行粗调；向右移动则可以进行细调。

当不需要使用旋钮时，可以用位移键"◄"、"►"使闪烁的数字消失，旋钮的转动就不再有效了。

3）功能选择。仪器开机后为"点频"功能模式，输出单一频率的波形，按"调频"、"调幅"、"扫描"、"猝发"、"点频"、"FSK"和"PSK"键可以分别实现七种功能模式。

4）点频功能模式。点频功能模式指的是输出一些基本波形，包括正弦波、方波、三角波、升锯齿波、降锯齿波和噪声等 27 种波形。对大多数波形可以设定频率、幅度和直流偏移。在其他功能时，可先按下"shif"再按下"点频"键来进入点频功能。

从点频转到其他功能，点频设置的参数就作为载波的参数；同样，在其他功能中设置载波的参数，转到点频后就作为点频的参数。例如，从点频转到调频，则点频中设置的参数就作为调频中载波的参数；从调频转到点频，则调频中设置的载波参数就作为点频中的参数。

　　除点频功能模式外的其他功能模式中基本信号或载波的波形只能选择正弦波。

　　① 频率设定：按"频率"键，显示出当前频率值。可用数据键或调节旋钮输入频率值，这时仪器输出端口即有该频率的信号输出。

　　例如，设定频率值 5.8kHz，按键顺序如下：

　　"频率"、"5"、"●"、"8"、"kHz"（可以用调节旋钮输入）。

　　或者"频率"、"5"、"8"、"0"、"0"、"Hz"（可以用调节旋钮输入）。

　　显示区都显示 5.8000000kHz。

　　② 周期设定：信号的频率也可以用周期值的形式进行显示和输入。如果当前显示为频率，再按"频率/周期"键，显示出当前周期值，可用数据键或调节旋钮输入周期值。

　　例如，设定周期值 10ms，按键顺序如下：

　　"周期"、"1"、"0"、"ms"（可以用调节旋钮输入）。

　　如果当前显示为周期，再按"频率/周期"键，可以显示出当前频率值；如果当前显示的既不是频率也不是周期，按"频率/周期"键，显示出当前点频频率值。

　　③ 幅度设定：按"幅度"键，显示出当前幅度值。可用数据键或调节旋钮输入幅度值，这时仪器输出端口即有该幅度的信号输出。

　　例如，设定幅度值峰峰值 4.6V，按键顺序如下：

　　"幅度"、"4"、"●"、"6"、"Vpp"（可以用调节旋钮输入）。

　　对于"正弦"、"方波"、"三角"、"升锯齿"和"降锯齿"波形，幅度值的输入和显示有三种格式：峰峰值 Vpp、有效值 Vrms 和 dBm 值，可以用不同的单位区分输入。对于其他波形只能输入和显示峰峰值 Vpp 或直流数值（直流数值也用单位 Vpp 和 mVpp 输入）。

　　④ 波形设置

　　按下"shift"键后再按下波形键，可以选择正弦波、方波、三角波、升锯齿波、脉冲波五种常用波形。同时波形显示区显示相应的波形符号。

　　例如，选择方波，按键顺序如下：

　　"shift"、"方波"。

附录 E　AS2294D 型交流毫伏表使用说明

AS2294D 型交流毫伏表面板如图 E.1 所示。

1. 放置

交流毫伏表使用时应垂直放置，待测信号通过信号线经输入插座进入晶体管毫伏表。

2. 通电

为保证性能稳定，接通电源，预热 10min 后使用。

3. 选择合适量程

交流毫伏表开机量程默认最大档，根据信号大小逐渐减小量程。为了减少测量误差，应使表头指针指在满刻度的 1/3 以上区域。

4. 读数

选择 10V、1V、0.1V、10mV、1mV 任一档量程时，读数看表头中满刻度为 10 的表盘；当选 30V、3V、0.3V、30mV、3mV 任一档量程时，读数看表头中满刻度为 3 的表盘。例如，当选用 0.3V 的档位，读数时看满刻度为 3 的表盘，若此时指针指在 1 的位置上，则实际测量电压为有效值 0.1V。

5. 异步工作方式

交流毫伏表是由两个电压表组成的，因此在异步工作时是两个独立的电压表，也就是说可作为两台单独电压表使用，一般用于测量两个电压量程相差比较大的情况，如测量放大器增益，可使用异步工作状态。

6. 同步工作方式

当交流毫伏表同步工作时，可由一个通道量程控制旋钮同时控制两个通道的量程，适用于立体声或者两路相同放大特性的放大器。

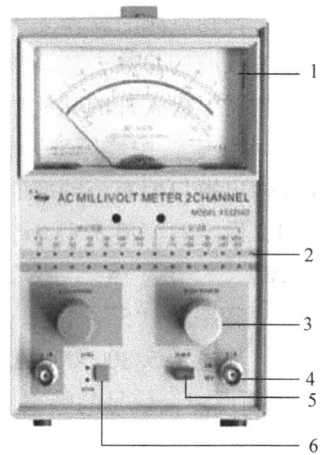

图 E.1　AS2294D 型交流毫伏表面板
1—仪表读数刻度（测量电压等分
10 和 3 刻度、增益分贝刻度 dB）
2—电压各档量程指示　3—测量量程调节
4—信号 Q 头输入　5—仪表电源开关
6—工作方式按钮

7. 放大输出功能

交流毫伏表具有输出功能，因此可作为两个独立的放大器使用。

当 300μV 量程输入时，具有 316 倍的放大（即 50dB）功能；

当 1mV 量程档时，具有 100 倍放大（即 40dB）功能；

当 3mV 量程档时，具有 31.6 倍放大（即 30dB）功能；

当 10mV 量程档时，具有 10 倍放大（即 20dB）功能；

当 30mV 量程档时，具有 3.16 倍放大（即 10dB）功能。

8. 浮置功能

1）在音频信号传输中，有时需要平衡传输，此时测量其电平时，不能采用接地形式，需要浮置测量。

2）在测量 BTL 放大器时（如大功率 BTL 功率放大器），输出两端任一端都不能接地，否则将会引起测量不准甚至烧坏功率放大器，这时宜采用浮置方式测量。

3）某些需要防止地线干扰的放大器或带有直流电压输出的端子及元器件两端电压的在线测试等，均可采用浮置方式测量，以避免由于公共接地带来的干扰或短路。

9. 其他应用

由于该仪器具有宽频带及高灵敏度，因此可用于电源纹波的测量以及其他微弱信号的测量。

1）交流毫伏表是按正弦电压有效值刻度的，指示的为正弦波的有效值，若待测正弦信号是失真波形，其读数没有意义；若待测信号不是正弦波，则会引起很大误差。

2）交流毫伏表在小量程（小于 1V）时，输入端不允许开路。交流毫伏表输入端开路时，由于外界感应信号的影响，指针可能超过量程偏转。为避免外界干扰电压进入仪表，造成指针碰弯、仪表损坏，不测量时，应调至较大量程（10V 或以上）。

3）测量 30V 以上的电压时，需注意安全。所测交流电压中的直流分量不得大于100V。

接通电源及量程转换时，由于电容的放电过程，指针有所晃动，需待指针稳定后读取读数。电平是表示功率、电压或电流等相对大小的量，需指定某一电量的数值为标准值。被测量的数值与标准值之比的对数（乘以某常数），即为该电量的电平值。其单位为 dB，即

$$功率电平值 = 10\lg \frac{P}{标准功率}$$

因为 $P = U^2/R$，所以若在同一负载上，则

$$电压值 = 20\lg \frac{U}{标准电压}$$

工程上规定 600Ω 电阻消耗 1mW 功率为功率的标准值，此时 600Ω 电阻两端电压为 0.775V，则

$$U = \sqrt{PR} = \sqrt{1 \times 10^{-3} \times 600}V = 0.75V$$

称为标准电压，也称为电压的零电平。由上式可知，任一电压值与标准电压相比，可求得这一电压的电平值。当电压大于标准值时，所得电平分贝值为正；当电压小于标准值时，对应的分贝值为负。

4）仪表中交流电压档按分贝值刻度时，即可直接读出被测电压的电平值。通常在仪表中，分贝刻度总是和电压的某一档相对应的，如 DF2173B 型电压表的分贝刻度与 1V 档相对应，即在 600Ω 电阻上产生 0.775V 的电压时，对应的分贝刻度为 0dB。若被测电压高于或低于该量程，需要对电平量程进行扩大，若被测电压扩大 10 倍为 7.75V，则电平为 +20dB（20lg7.75/0.775）；若电压缩小 3 倍，则被测电平为分贝标尺减去 10dB。

附录 F　CX－P 编程软件的使用

1. 示例程序说明

1）程序功能。按下按钮 A（0.00）后，LED01（10.00）点亮，经过 5s 后 LED02（10.01）自动点亮，再经过 10s 后 LED03（10.02）点亮。当按下按钮 B（0.01）时，三个 LED 全部熄灭且计时器 TIM000、TIM001 复位。

2）程序梯形图如图 F.1 所示。

2. 操作演示

1）双击桌面的 CX－Programmer 图标，或在"开始"菜单中选择"Omron"→"CX－Programmer"，以启动 CX－P，如图 F.2 所示。

2）CX－P 工作窗口打开后，在菜单中选择"文件"→"新建"新建 CX－P 文件，弹出"改变 PLC"对话框如图 F.3 所示。

3）单击"设置"选择实验所用 PLC 的型号（CPM2＊），其他不需再做修改，直接单击"确定"按钮即可开始对新建文件进行编辑。

4）如图 F.4 所示，PLC 工具栏分为三部分共 13 个按钮。

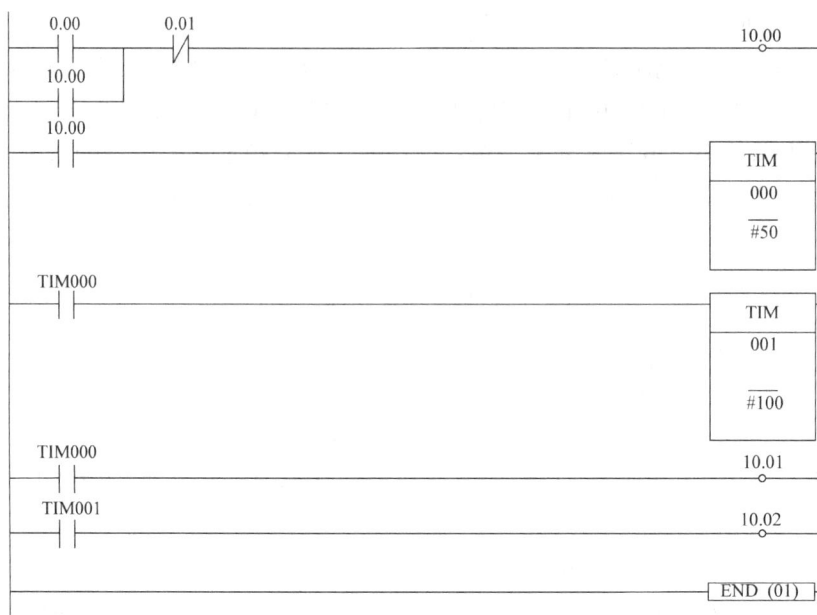

图 F.1　程序梯形图

图 F.2　启动 CX – P

图 F.3　"改变 PLC"对话框

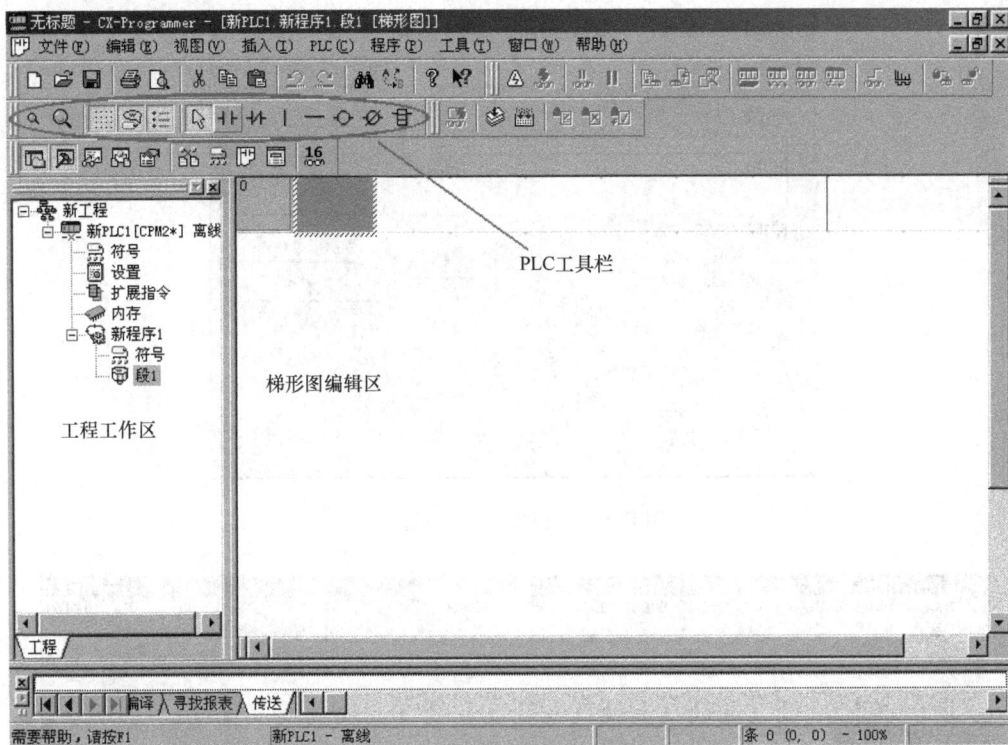

图 F.4　PLC 工具栏

最左边的两个分别是"缩小"、"放大"按钮，可对梯形图的显示大小进行缩放；接下来的 3 个按钮分别是"切换网格"、"显示注释"和"显示条批注"按钮；而最后一组 8 个按钮就是使用 CX – P 绘制梯形图最常用的工具：

① 选择模式：对梯形图组件进行选择，以实现拖动、删除、修改等基本编辑功能；

② 常开触点：在梯形图上添加新的常开触点；

③常闭触点：除了添加新常闭触点的功能外，它还有另一个功能，单击已存在的常开触点（线圈）可将其改变为常闭触点（线圈），而若单击常闭触点（线圈）则反之；

④ 纵线：在梯形图上添加新的纵向连接线或删除已有的纵向连接线；

⑤ 横线：在梯形图上添加新的横向连接线或删除已有的横向连接线；

⑥ 常开线圈：在程序行的结束添加新的常开线圈输出；

⑦ 常闭线圈：在程序行的结束添加新的常闭线圈输出；

⑧ PLC 指令：在梯形图中添加新的 PLC 指令，使用其在梯形图上单击后，会弹出"指令"对话框要求对欲添加的指令进行进一步描述。在"指令"一栏直接填入指令名称，也可单击"查找指令"按钮，在新弹出的"查找指令"对话框中选择所需指令。在"操作数"栏中输入与指令相对应的操作数，如图 F.5 所示。计时器指令 TIM 需输入两个操作数，操作数"0"表示该计时器序号为 TIM000，操作数"#100"表示计时设定值为 10s，其中"#"为立即数符号。

⑨ 用以上工具按钮，在"梯形图编辑区"中输入所给示例程序，如图 F.6 所示。

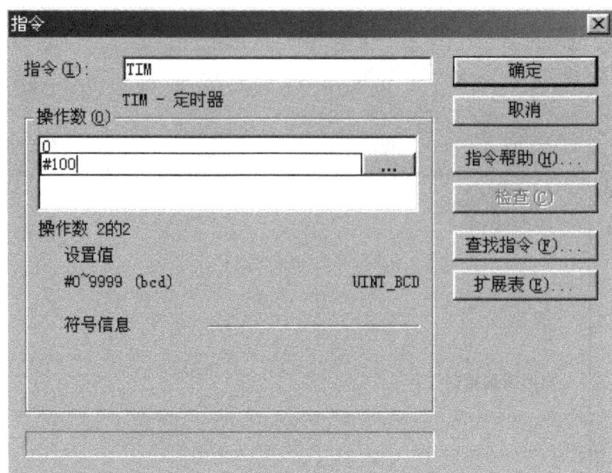

图 F. 5　"查找指令"对话框

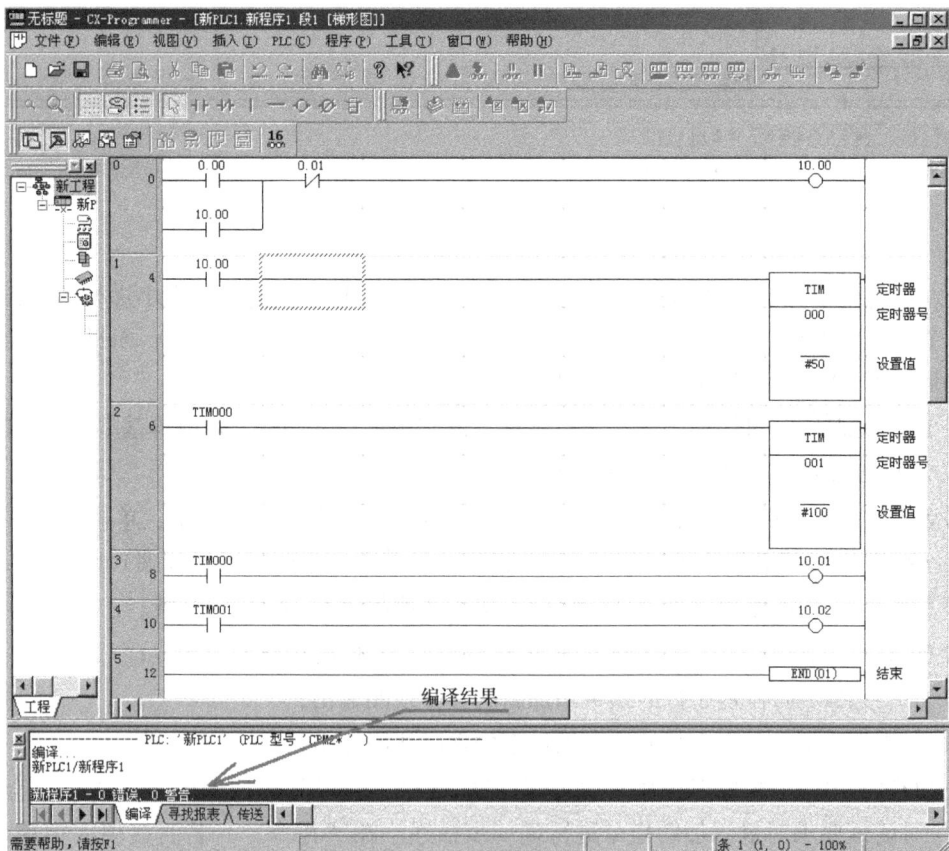

图 F. 6　梯形图编辑区

5）程序输入完毕后，在"程序"菜单中选择"编译"（快捷键 Ctrl + F7），对程序进行编译，如图 F. 6 所示，底部的输出窗口显示编译结果。若显示警告提示"重复输出"，则可视具体情况，单击"忽略"，程序一般都会正常运行；如果显示"错误"，则必须修改程序。

6）接 PLC：在"PLC"菜单中选择"在线工作"（快捷键 Ctrl + W），进入在线工作状态，此时"梯形图编辑区"转为灰色显示。

7）PLC 传送程序：选择"PLC"→"传送"→"到 PLC…"，弹出传送对话框，一般简单程序仅选择"程序"一项即可，单击"确定"按钮开始传送，传送完毕后再单击"确定"按钮。

8）运行程序：选择"PLC"→"操作模式"→"监视"（快捷键 Ctrl + 3），程序开始运行。此时若再次选择"在线工作"即可离线，PLC 中的程序仍将继续运行。若需要停止 PLC 运行程序，应选择"PLC"→"操作模式"→"程序"（快捷键 Ctrl + 1）。

9）监视程序运行情况：选择"PLC"→"监视"→"监视"（快捷键 Ctrl + M），可在"梯形图编辑区"中在线观察各继电器和通路在程序运行中的状态变化。

10）若处于"在线工作"情况时需临时对程序进行修改，可选择"程序"→"在线编辑"→"开始"，即进入"在线编辑状态"，可对当前光标所在程序行（由灰色背景恢复为白色背景）进行修改。编辑完成后选择"程序"→"在线编辑"→"发送修改"即可将所作修改发送至 PLC 立即产生效应（修改程序行再次转为灰色显示），若不想保留修改结果，选择"程序"→"在线编辑"→"取消"即可。

3. OMRON 公司 CPM2AE 与 CP1H 机型的 I/O 地址的区别

CPM2AE 与 CP1H 机型的 I/O 地址的区别见表 F.1。

表 F.1　CPM2AE 与 CP1H 机型的 I/O 地址的区别

	CPM2AE	CP1H
输入继电器	00CH ~ 09CH	00CH ~ 16CH
输出继电器	10CH ~ 19CH	100CH ~ 116CH
内部辅助继电器	20CH ~ 49CH 200CH ~ 227CH	W000 ~ W512
保持继电器	HR0000 ~ HR1915	H000 ~ H511
特殊辅助继电器	AR00 ~ AR23	A000 ~ A959
定时器/计数器	000 ~ 255	T0000 ~ T4095
数据存储器	DM0000 ~ DM1999 DM2022 ~ DM2047	D00000 ~ D32767
模拟输入继电器	无	200CH ~ 2003CH
模拟输出继电器	无	210CH ~ 211CH
进位标志	25504	P – CY
大于标志	25505	P – GT
等于标志	25506	P – EQ
小于标志	25507	P – LT
0.02s 时钟	25401	P – 0 – 02s
0.1s 时钟	25500	P – 0 – 1s
0.2s 时钟	25501	P – 0 – 2s
1s 时钟	25502	P – 1s
系统标志开始运行时 1 个周期 ON 标志	25315	A200. 11

附录 G CCXL—Ⅱ AB 型电工工程训练装置简介

CCXL—Ⅱ AB 型电工工程训练装置如图 G.1 所示。

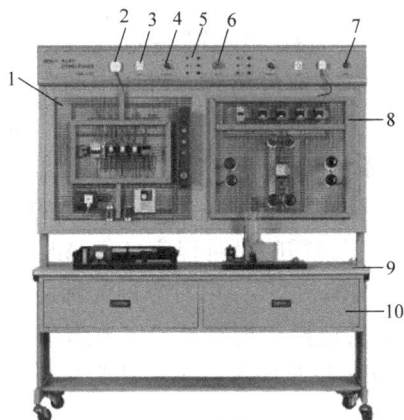

图 G.1 CCXL—Ⅱ AB 型电工工程训练装置

1—网孔板 2—四芯插座 3—三芯插座 4—直接电源开关 5—直流电压源（+5V，+12V，+24V）
6—应急开关 7—电源指示灯 8—线槽 9—实训桌面 10—放各类工具的抽屉

CCXL—Ⅱ AB 型电工工程训练装置主要由控制屏与实训桌、网孔板，以及可以在网孔板上任意拆装的元器件和实训模块、三相交流电源、直流稳压电源、工具等组成。本装置正、反两面共 4 个工位，可同时供四组学生使用。

附录 H 部分集成电路引脚图

1. 集成电路型号及功能

集成电路型号及功能见表 H.1。

表 H.1 集成电路型号及功能

集成电路型号	功能	引脚图号
7400	四 2 输入端正"与非"门	图 H.1
7401	集电极开路输出的四 2 输入端"与非"门	图 H.2
7404	六反相器	图 H.3
7410	三 3 输入端"与非"门	图 H.4
7420	双 4 输入正"与非"门	图 H.5
7448	BCD – 七段译码器/驱动器	图 H.6
7473	带清除的双 JK 触发器（下降沿触发）	图 H.7
7474	带预置和清除的双 D 触发器	图 H.8
7486	四异或门	图 H.9

（续）

集成电路型号	功能	引脚图号
7490	异步二 – 五 – 十进制计数器	图 H.10
74112	负沿触发双 JK 触发器（带预置和清除端）	图 H.11
74121	单稳态触发器	图 H.12
74122	可重触发带清除端单稳态触发器	图 H.13
74138	3 线 – 8 线译码器/多路转换器	图 H.14
74151	8 选 1 数据选择器	图 H.15
74153	双 4 线 – 1 线数据选择器/多路转换器	图 H.16
74161	可预置 4 位同步二进制计数器（异步清零）	图 H.17
74191	二进制同步可逆计数器	图 H.18
74193	二进制同步可逆计数器	图 H.19
74194	4 位双向通用移位寄存器	图 H.20
74244	八缓冲器/线驱动器/线接收器反相三态输出	图 H.21
555	时基电路定时器	图 H.22
TS547	七段显示器（共阴极）	图 H.23
74LS54	与或非门	图 H.24

注：引脚图内的电路图形符号均用元器件手册中的常用符号——国外流行的元器件图形符号。

2. 集成电路引脚图

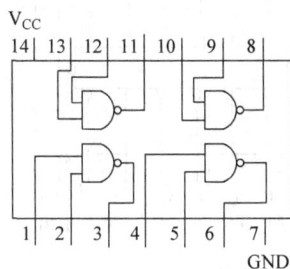

图 H.1　7400

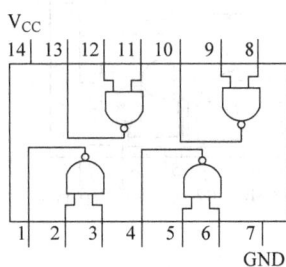

图 H.2　7401

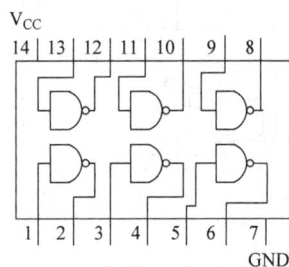

图 H.3　7404

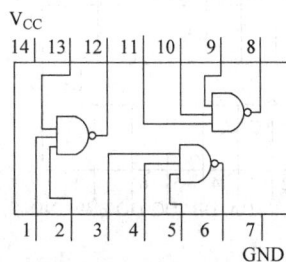

图 H.4　7410

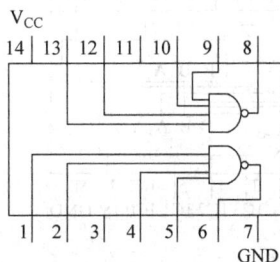

图 H.5　7420

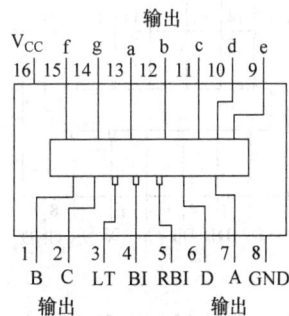

图 H.6　7448

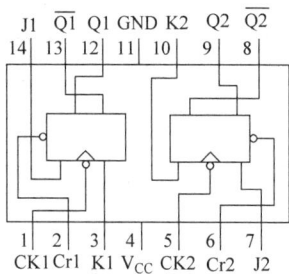

图 H.7 7473

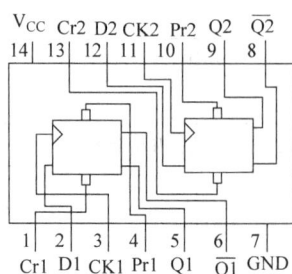

图 H.8 7474

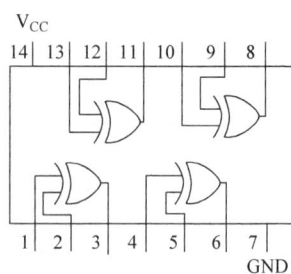

图 H.9 7486

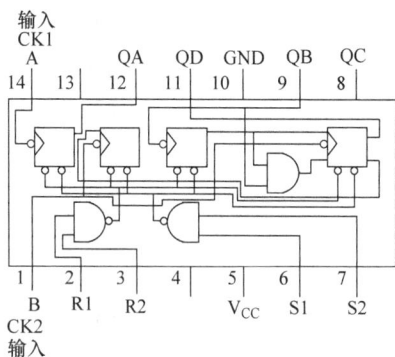

图 H.10 7490

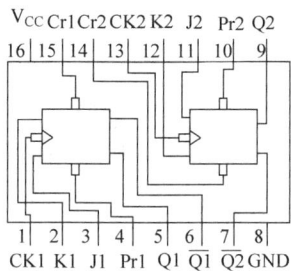

图 H.11 74112

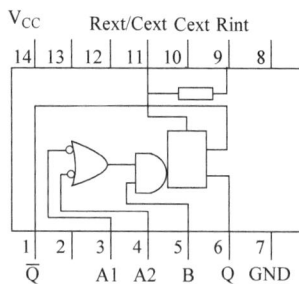

图 H.12 74121

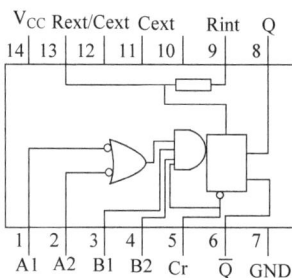

图 H.13 74122

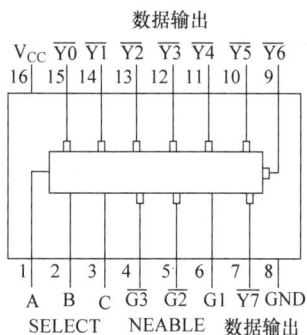

图 H.14 74138

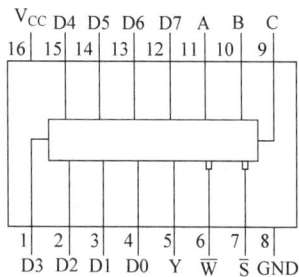

图 H.15 74151

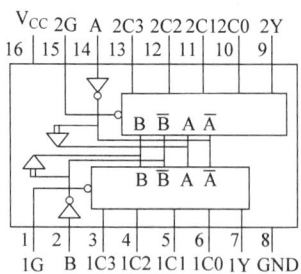

图 H.16 74153

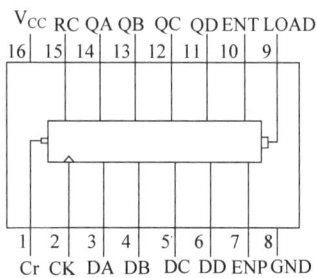

图 H.17 74161/74163

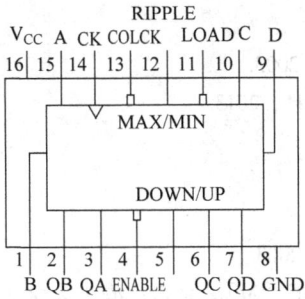

图 H. 18　74191

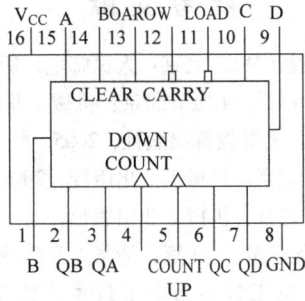

图 H. 19　74193

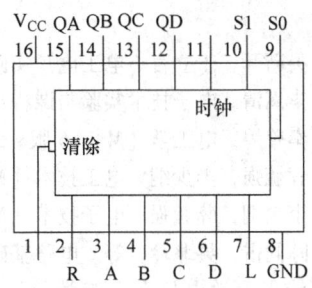

图 H. 20　74194

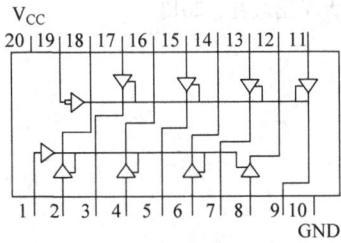

图 H. 21　74244

图 H. 22　555

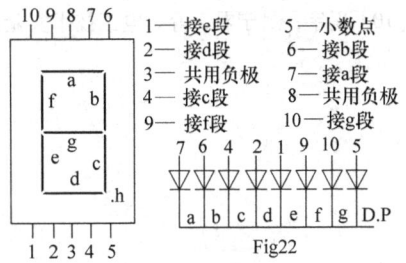

图 H. 23　TS547（共阴极）

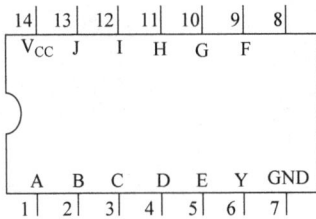

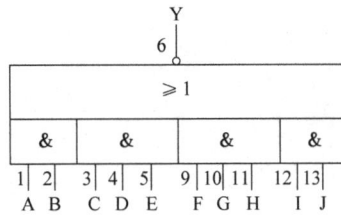

图 H. 24　74LS54

参 考 文 献

［1］吴新开，于立言．电工电子实践教程［M］．北京：人民邮电出版社，2003.

［2］毕满清．电子技术实验与课程设计［M］．4 版．北京：机械工业出版社，2013.

［3］秦曾煌．电工学［M］．6 版．北京：高等教育出版社，2005.

［4］薛毓强，李少纲．电工技术［M］．北京：机械工业出版社，2009.

［5］李少纲，薛毓强．电子技术［M］．北京：机械工业出版社，2009.

［6］陈同占，吴北玲，等．电路基础实验［M］．北京：清华大学出版社，2003.

［7］清华大学电机系电工学教研组．电工技术与电子技术实验指导书［M］．北京：清华大学出版社，2004.

［8］蔡忠法．电子技术实验与课程设计［M］．6 版．杭州：浙江大学出版社，2003.

［9］汪建民．PSpice 电路设计与应用［M］．北京：国防工业出版社，2007.

［10］冯宇，封宁君，等．电工技术实验教程［M］．西安：西安电子科技大学出版社，2013.